农业特色课程新形态教材
高等院校网络通识课程配套教材

园艺产品品质与营养健康

Horticultural Products:
Quality, Nutrition & Health

孙崇德 主编

ZHEJIANG UNIVERSITY PRESS
浙江大学出版社

图书在版编目（CIP）数据

园艺产品品质与营养健康 / 孙崇德主编 . —杭州：浙江大学出版社，2021.8（2024.6 重印）
ISBN 978-7-308-21294-6

Ⅰ. ①园… Ⅱ. ①孙… Ⅲ. ①园艺作物—质量分析—研究 ②园艺作物—营养价值—研究 Ⅳ. ① S609

中国版本图书馆 CIP 数据核字（2021）第 073581 号

园艺产品品质与营养健康
孙崇德　主编

责任编辑　潘晶晶　梁　容
责任校对　殷晓彤
封面设计　北京春天书装图文设计工作室
出版发行　浙江大学出版社
（杭州天目山路 148 号　邮政编码：310007）
（网址：http://www.zjupress.com）
排　　版　浙江大千时代文化传媒有限公司
印　　刷　广东虎彩云印刷有限公司绍兴分公司
开　　本　787mm × 1092mm　1/16
印　　张　11.75
字　　数　250 千
版 印 次　2021 年 8 月第 1 版　2024 年 6 月第 2 次印刷
书　　号　ISBN 978-7-308-21294-6
定　　价　88.00 元

浙江大学出版社市场运营中心联系方式：0571-88925591；http://zjdxcbs.tmall.com

《园艺产品品质与营养健康》
编委会

主　编：孙崇德

副主编：王　岳　李　鲜　刘学波　金　鹏　周春华

编写委员会（按姓氏笔画排序）

王　岳（浙江大学）

刘学波（西北农林科技大学）

孙崇德（浙江大学）

李　鲜（浙江大学）

李丹丹（南京农业大学）

张　波（浙江大学）

金　鹏（南京农业大学）

周春华（扬州大学）

赵立艳（南京农业大学）

徐昌杰（浙江大学）

殷学仁（安徽农业大学）

曹锦萍（浙江大学）

序

习近平总书记强调，人民健康是社会文明进步的基础，是民族昌盛和国家富强的重要标志，也是广大人民群众的共同追求。《中国居民膳食指南（2022）》强调“餐餐有蔬菜，天天吃水果”，以培养健康饮食习惯和生活方式。国民膳食与营养状况反映了一个国家或地区的经济社会发展、卫生保健水平和人口健康素质。党的二十大报告将“建成健康中国”作为我国2035年发展总体目标的一个重要方向，把保障人民健康放在优先发展的战略位置。

随着食品审美观念和需求的深刻变化，园艺产品已不再只是简单满足基本生理需求的物品，而成为日常生活中不可或缺的一部分。在消费需求多元化、个性化的时代，人们对园艺产品品质和营养价值的期望日益提高，越来越喜欢色泽诱人、香气扑鼻、口感细腻、营养丰富的园艺产品。这引发了学者们对园艺产品品质和营养的深入研究，他们开始着眼于如何在保持其自然特性的基础上提升品质和营养价值。园艺产品的品质和营养需求不仅仅是味觉享受，更是对健康生活方式的追求。随着生活节奏的加快和健康意识的提升，人们对园艺产品的品质和营养需求变得更加迫切、广泛。

由孙崇德教授领衔的“果实营养与人类健康”团队编写的《园艺产品品质与营养健康》，立足于多学科交叉领域，系统介绍了园艺产品的品质特性和营养健康价值，对水果、蔬菜、花卉等常见园艺产品的功能性成分与人体健康的关系进行了系统梳理和深入分析，为读者提供一份权威且丰富的学术资料。通过阅读本书，读者将获得对园艺产品品质与营养价值全面而深入的了解，并更好地实现对健康、美味食品的追求。本书不仅具备较高的科学性和实用性，可以为园艺领域学者和跨学科研究人员提供参考，也是一本面向广大公众的科普读物，有助于普及园艺产品的知识，提升大众的健康素养。

蔬果之益，观之则成色，嗅之则留香，啖之则身心俱养，品之则况味悠长。在大健康观念的时代背景下，相信本书的出版将推动食疗文化的普

及和合理膳食的引导，提高全民健康素养，促进园艺学科实践路径的拓宽，为康养园艺产业的创新发展提供有力支持。

刘仲華

中国工程院院士

国家植物功能成分利用工程技术研究中心主任

2023 年 5 月

前　言

在人类文明发展和人们日常生活中，园艺产品始终扮演着重要的角色，它既是我们主要的食物和营养来源，也带给我们很多感官上的享受。五彩缤纷的水果，鲜嫩欲滴的蔬菜，姹紫嫣红的花卉，无一不给我们的生活平添了独特的色彩。随着园艺产业的发展以及物质生活水平的提高，人们对园艺产品的要求也不断提高，消费者在选择园艺产品时愈发注重其品质及营养保健功能，果蔬等园艺产品的消费需求方向不断发生变化，园艺产业的发展也逐渐从数量型向质量型和功能型转变。

近年来，我国园艺产业和园艺学科都呈现高速发展趋势，并取得了显著成效，但与发达国家仍有一定差距。当前，我国园艺领域的发展与研究，尤其是园艺产品品质与营养健康等方面的研究仍处于初级阶段。中共中央、国务院印发的《“健康中国2030”规划纲要》指出，要引导合理膳食，深入开展食物（农产品、食品）营养功能评价研究。党的二十大报告提出，推进健康中国建设，把保障人民健康放在优先发展的战略位置。国家对人民的饮食健康高度重视，园艺产品营养品质与功能性成分的研究显得愈发重要。目前，在园艺学科教学中，与园艺产品品质及营养健康相关的教材相对较少，学生对相关知识的了解缺乏对应的窗口；对于大众来说，对园艺产品的消费也较为盲目，平日里司空见惯的瓜果蔬菜要怎样吃出健康，需要科学的引导。为了响应国家对引导合理膳食的倡议，更好地对园艺产品品质和营养健康的相关知识进行系统性梳理，完善构建园艺产品品质与营养健康的研究体系，从而完善学科教学、引导合理消费，浙江大学孙崇德教授牵头，组织浙江大学果树科学研究所采后研究团队以及西北农林科技大学、南京农业大学、扬州大学等院校的专家共同编写了本书，以期为读者在园艺产品选择和食用时提供科学指导，为园艺学科发展奠定一定基础，也为相关科学研究提供一定的理论依据。

本书基于当前国内外园艺产品领域的最新资料和研究成果，阐释园艺产品的品质特性和营养健康价值。全书分为六章，第一章绪论中对园艺产品的品质、营养健康与人类生活的关系进行了简要介绍，并简单梳理了园艺产业的发展和品质改良史；第二章着重介绍了园艺产品的品质要素，包括色泽、香味、风味、质地、营养等品质的构成及影响因素，并阐述了园艺产品果实形成的机制；第三章着重介绍了园艺产品与营养健康的关系，阐述了功能性成分发挥多种保健作用的机制；第四章以苹果、柑橘、葡萄等多种常见水果为例，介绍了水果与人体健康的关系；第五章以西蓝花、香菇、大蒜等多种常见蔬菜为例，介绍了蔬菜与人体健康的关系；第六章以牡丹、芍药、玫瑰等多种常见花卉为例，介绍了花卉与人体健康的关系。本书涉及知识甚广，除了主要的园艺产品品质与营养健康相关内容的介绍外，也涉及品种分类、栽培育种、产业开发等多方面的内容，旨在全方位、多角度地介绍园艺产品与人类生活的关系。同时，本书也是一本面向大众的通俗科普读物，希望能够帮助读者对园艺产业有更好的认识，并有力促进我国相关领域的研究以及园艺产业和学科的发展。

本书受到浙江省普通高校“十三五”新形态教材建设项目和浙江大学慕课（MOOC）建设项目“园艺产品品质与营养健康”的支持，在此一并表示感谢。

由于编者水平有限，编写时间较紧，本书的部分内容仍有许多不尽如人意之处，存在疏漏和不当之处，衷心希望广大师生和各位读者给予批评指正，及时反馈使用意见，我们定将不断改进和完善。

编　者

2023 年 6 月

目　录

第一章

绪　论

促进人与自然和谐共生是中国式现代化的本质要求。尊重自然、顺应自然、保护自然，是全面建设社会主义现代化国家的内在要求。园艺，在《辞源》中的解释是“栽植树木花果之技艺”，园艺产品主要包括水果、蔬菜以及花卉等。在人们的生活中，园艺产品最重要的作用之一就是为人们提供日常食物中所需的果蔬产品。

第一节　园艺产品品质要素

1.1　视频：
园艺产品品质要素

衣食住行是指人类维持生活所必需的穿衣、饮食、起居和出行，是人类生存和繁衍不可或缺的部分，也是人类社会生活的基本内容。随着生活水平的提高，人们对食物的要求正从吃饱向着吃好、吃得安全，再到吃得更健康、吃出健康等方向发展。因此，人们对食物的品质也提出了更高的要求。

随着园艺产业的发展以及人们对“吃”的方面要求的提高，人们对果蔬等园艺产品的消费需求方向也在不断发生变化，即在园艺产品的消费过程中更加注重品质。由此，园艺产业正从数量型向质量型发展。

一般来讲，园艺产品的品质要素主要包括色泽、香味、风味、质地和营养功能 5 个方面（图 1.1.1）。本教材分享的内容围绕园艺产品品质的这 5 个方面展开，主要介绍这些品质要素对于园艺产品植物本身的意义，以及形成原因和影响因素对园艺产品食用品质的影响等。

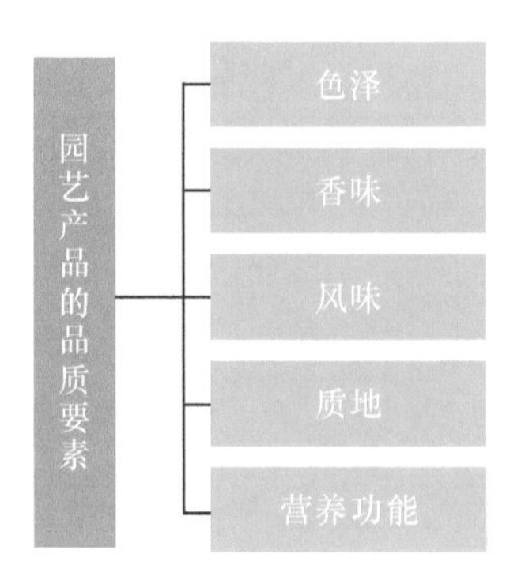

图1.1.1　园艺产品的5个品质要素

第二节 园艺产品品质与人类生活

视觉、嗅觉和味觉是人类最基本的感官。园艺产品的品质要素通过影响人类的感官，带给人们独特的感受。

1.2 视频：园艺产品品质与人类生活

一、色泽与人类生活

园艺产品的颜色往往是影响人类喜好的第一要素。以苹果为例，有人喜欢果皮全红的，有人喜欢全绿的，也有人喜欢黄红相间的。现代市场中，出现了越来越多不同颜色的果实，以满足消费者多样化的需求。如市场上销售的猕猴桃，有绿色果肉、黄色果肉以及红色果肉等不同类型的果实。花卉丰富多彩的颜色让人心旷神怡、身心愉悦，如蝴蝶兰，有红色、粉色、黄色、白色、蓝色等不同颜色花瓣类型的品种。

二、香味与人类生活

在园艺产品成熟衰老的过程中，除了颜色的变化，香气的变化也很明显。香气是园艺产品的重要品质指标。特征香气的形成可指示产品的成熟度，从而保证消费者的食用营养和安全。同时，对于园艺植物自身，可通过香气来吸引人类和动物食用其果实，从而有利于种子传播与物种繁衍。但是，有些水果释放出来的香气并非被所有人喜欢。比如来自热带的水果榴梿，有人对这种特殊的香气钟爱有加，爱不释手；而另一些人则对其无法接受，闻到这种味道就会感到“头昏”，不得不“敬而远之”。

三、风味与人类生活

园艺产品的风味同样是决定人们喜好的重要因素，如柠檬的酸味、荔枝的甜味、黄瓜和葡萄柚的苦味以及辣椒的辣味。在这些风味中，酸味、甜味和苦味主要通过味蕾感受，而辣味则是一种痛觉，这种痛觉主要由辣椒素带来。辣椒素是一种存在于辣椒中的化学物质，会与人体的痛觉感受器相结合，让人们感受到如高温般刺激带来的疼痛。因此，在英文中，人们也通常用“hot”（热、炎热）来表示辣味。

中国人讲究“色、香、味”，其中，最注重食物的“味”，把品尝“美味”奉为进食的首要目的。一些具有独特风味的园艺产品受到大众的追捧，也催生了一批明星园艺产品，如‘阳光玫瑰’葡萄，象山‘红美人’柑橘，挑战‘砂糖橘’的‘沃柑’等。

因此，越来越多的人将目光投向园艺产品，通过遗传育种和精细的栽培管理，有效保障水果等园艺产品的独特风味。在日本的超市和水果店中，甚至可以看到上百元一个的苹果和千元一个的‘网纹甜瓜’。

第三节　园艺产品营养与人体健康

一、人类对食疗的关注

在中国，食疗已有 2000 多年的历史，“药食同源”“药补不如食补”这样的观点深入人心。早在周代，就设有“食医”的官职。《周礼 • 天官》中将医生分为 4 种，其中“食医”列在首位，掌管“六食、六饮、六膳、百羞、百酱、八珍之齐”（傅维康，1999）。

1.3　视频：园艺产品营养与人体健康

我国最早的一部医学典籍《黄帝内经》中，《素问 • 刺志论》篇记载了“谷盛气盛，谷虚气虚”；《素问 • 脏气法时论》篇指出“五谷为养，五果为助，五畜为益，五菜为充，气味合而服之，以补精益气”。其中，“五果”和“五菜”即代表园艺产品，它们位于食物金字塔（图 1.3.1）的塔身部位，可见其对人类健康有着举足轻重的作用。

在世界范围内，提到园艺产品营养与人体健康，最出名的案例当数“法国悖论”（French Paradox）。这个概念最早在 1819 年由爱尔兰医生赛木耳 • 布莱尔提出。他在研究中指出，基于法国人的生活习惯和当地的气候条件，法国患有心绞痛的人数比例低于爱尔兰，从而提出了“French Paradox”的概念（代巧云等，2010）。随后，越来越多的研究也印证了这一现象：法国人酷爱美食，每日摄取大量高热量和高胆固醇的食物，但得心血管疾病的概率却比其他有着相似饮食习惯的西方人低得多。这其实是因为法国人的日常饮食——红葡萄酒中的一些成分，如白藜芦醇等，起到了保护心脏的作用（杨春玲等，2009）。

可见，园艺产品的营养保健功能是古今中外人们都非常关心的话题，是关乎每一个人安身立命的重要生活主题。

二、食疗的物质基础

我国传统医药学的一个基本理念是“药食同源，药食同功”。从化学组成看，食品和药品的有效化学成分可分为两大类，即营养素成分和非营养素成分（图 1.3.2）。

食品类以营养素成分为主，它们给人们补给营养，参与人体构成，提供能量等，是人体生长发育中必不可少的物质。

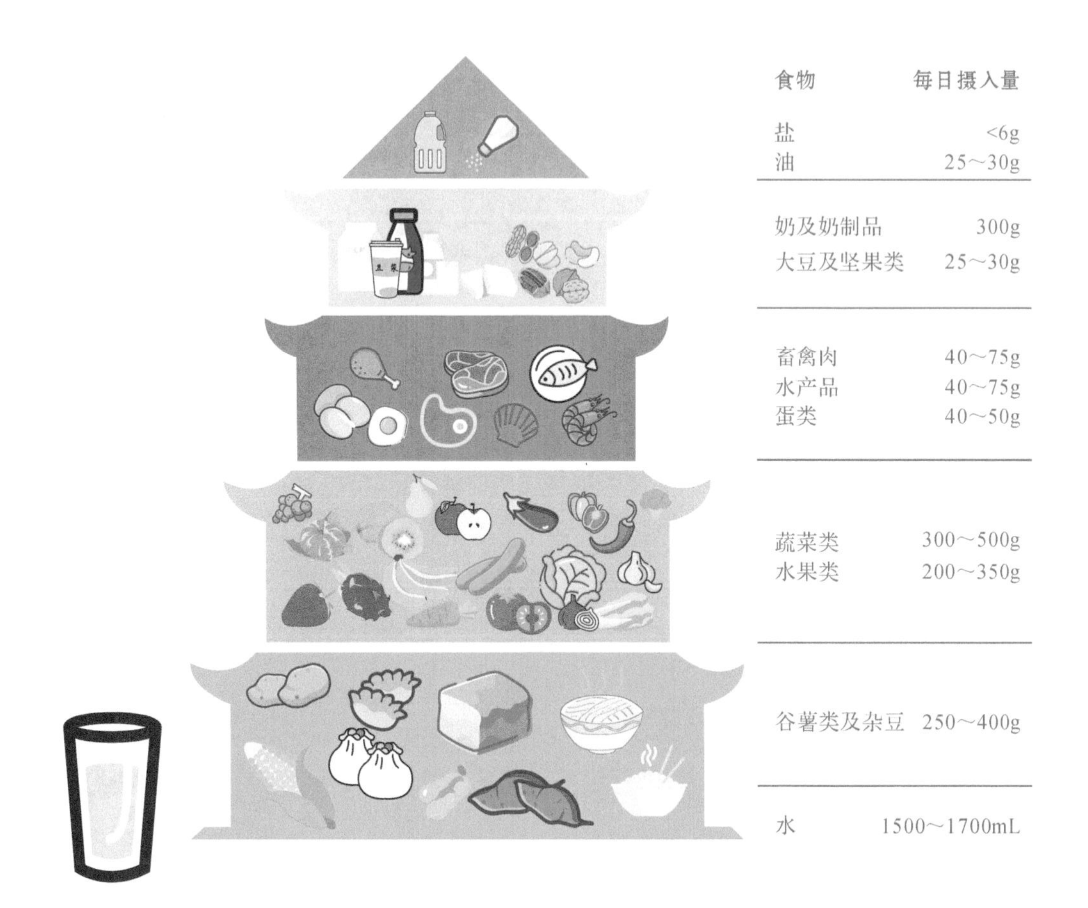

图1.3.1 食物金字塔

药品类以非营养素成分为主，它们对人体生理功能或病理状态具有调节作用，这些非营养素成分称为药物成分或活性成分，在人体内可起到良好的调节或治疗效果。

药食同源类既是食品又是药品，它们兼具营养素和非营养素成分：其营养素成分的种类和含量都非常丰富，能满足人们对食物营养的需求；其药物成分具有良好的调节作用，可改善人体失衡状态。这类产品具有补给营养与调节失衡的双重功效，相辅相成，补中有调，调时进补，起到效果叠加的特殊作用，成为地道的食药两用之佳品，也是食疗首选的物品，充分体现着“寓医于食”的道理。2002 年卫生部印发了《关于进一步规范保健食品原料管理的通知》，对药食同源物品、可用于保健食品的物品做出具体规定，在这份名单中可以看到很多熟悉的园艺产品，如山楂、山药、桂圆、枸杞、桑葚、枣、姜等。

可见，对于具有保健作用的园艺产品而言，植物活性物质是其发挥营养保健功能的重要物质基础。“五果为助……五菜为充”，虽园艺产品食疗功能的研究历史悠长，效果独特，应用面广，但人们对很多活性物质在植物体内的积累机制和在动物体内的生物学调节作用了解甚微，值得深入探讨。

图1.3.2　营养素成分和非营养素成分

三、园艺产品保健作用的研究方法

中国很多医药学古籍文献中有关于民间食疗的记载，比如《本草纲目》里就记载了苹果、梨、枇杷、杨梅、山药、板栗、香菇、韭菜等诸多园艺产品的医药学活性。这些古籍医药记录是一个巨大的宝藏，著名科学家屠呦呦从葛洪的《肘后备急方》得到了很多研究的启示与灵感，由此发现了青蒿素。因此，今天人们研究园艺产品的保健作用时，查询古今中外的文献记录仍是首选路径。

在现代社会，随着西方科学知识体系的进入，特别是生物学、化学、药学和医学等多学科的发展，人们更系统、更量化地研究园艺产品的保健作用变得可能。以不同品种、组织部位以及生长在不同环境下的园艺产品为研究对象，研究者们建立了各种植物活性成分的提取、分离与鉴定体系。

营养保健相关的实验动物模型和细胞模型的研究，涵盖抗氧化、降低癌症风险、保护视力、改善心脏健康、改善胃肠道健康、提高系统免疫力、降血糖、降血压、减少更年期症状、提高骨骼健康、抗菌、保持泌尿系统健康等多种生物活性功能。

不难看出，园艺产品的营养保健研究是一个多学科交叉的领域，涉及流行病学大数据、园艺学、食品科学、化学、药学和临床医学等多个学科。

随着人们对园艺产品营养保健相关知识了解的加深，种植业及食品加工业等相关产业的发展得到了巨大的推动，鲜食、加工、农家乐采摘体验等产业兴旺发展，第一、二、三产业高度融合，园艺产业由此成为全球瞩目的特色产业。可见，开展园艺产品营养保健相关的研究，对我们的日常生活和园艺产业发展有着重要的意义。

第四节 园艺产业发展与品质营养改良

一、园艺产业的历史发展主题

在人类历史发展的长河中，园艺始终与人们的生活紧密相连。不同的历史发展阶段，园艺产业发展也有着不同的主题。在远古和古代，园艺史首先是园艺作物种类史，人们不断驯化和培育出新的园艺作物，也从其他国家引进新的种类；在近代，园艺史是抗性和产量史，人们不断追求作物产量的提高；在现代，园艺史逐渐由追求产量到追求产量和品质并重；近来则是更关注园艺产品的品质和营养。

1.4 视频：园艺产业发展与品质营养改良

通过留存下来的种质资源、考古发现，以及古籍和古代绘画作品的记载，我们可以了解古时园艺产品的大致样貌。例如，野生西瓜个体小，只有普通桃的大小，果皮坚硬且味苦，果肉没有红色素积累；野生桃只有樱桃大小，可以吃的部分约占总体积的2/3；野生香蕉不但肉少，还有大量坚硬的种子。这些与我们现在吃的西瓜、桃和香蕉都有着巨大的差别。

二、园艺产品品种改良方法

科学家们正在试图还原品种改良的过程，并已经揭示了一些园艺产品的驯化历程，同时也记录了育种学家为培育优质园艺产品所做出的努力。

以番茄为例，我国科学家于2018年在*Cell*（《细胞》）上发表研究论文“Rewiring of the Fruit Metabolome in Tomato Breeding”，描述了育种历程中果实品质特性的变化。现在人们食用的番茄来源于一种被称为“醋栗番茄”的野生番茄，这种野生番茄不但果个小，而且含有较多的番茄碱，导致这种番茄苦涩难吃，且对人体有毒。在驯化过程中，人们获得了个头增大、番茄碱含量大大下降的樱桃番茄，也就是俗称的“圣女果”；在“圣女果”的基础上，通过选择有利于果重增加的基因，得到了常见的大果栽培番茄；再在该种番茄的基础上，又培育了粉果番茄。目前，粉果番茄在蔬菜市场和超市已经十分普遍。普通大果番茄的红色主要是类胡萝卜素与黄酮类化合物综合色泽的表现；而这种粉果番茄由于果皮中没有黄酮类化合物的积累，色泽由番茄红素等类胡萝卜素决定，所以呈现出诱人的粉色。粉果番茄与普通大果番茄的区别不仅仅在于色泽，粉果番茄还因降低了果实内多胺、多酚和番茄碱等物质含量而更加美味。

总的来说，番茄在育种历程中发生的品质方面的几大变化主要为：果个变大，风味变佳，有毒物质减少或消除，色泽发生变化，品种多样性更加丰富。

同时，科学家也非常注重对园艺产品香味和质地等品质指标的选育，以实现整体品质的提升。例如，在柑橘上，科学家通过杂交育种，旨在提供综合多种柑橘风味的新品种。当前市场上深受消费者喜爱的‘不知火’‘春见’和‘沃柑’等柑橘新品种，都综合了橘子和橙子的风味。这些将会在之后的章节中予以介绍。

章测试题一

（一）单项选择题

1. 园艺产品的品质要素主要包括色泽、香味、风味、质地和（　　）5 个要素。

A. 营养功能　　B. 成熟度　　C. 价格　　D. 外形

2. （　　）里记录了苹果、梨、枇杷、杨梅、山药、板栗、香菇等诸多园艺产品的医药学活性。

A.《备急千金要方》　　B.《本草纲目》

C.《黄帝内经》　　D.《肘后备急方》

3. 在番茄的驯化过程中，人们在大果番茄的基础上，培育出了（　　）。

A. 醋栗番茄　　B. 樱桃番茄　　C. 粉果番茄　　D. 黄果番茄

4. 园艺产品的（　　）往往是影响人类喜好的第一要素。

A. 颜色　　B. 香气　　C. 形状　　D. 质地

5. 视觉、嗅觉和（　　）是人类最基本的感官功能。

A. 触觉　　B. 味觉　　C. 听觉

6. （　　）可以吸引人类和动物食用果实，从而利于种子传播与物种繁衍。

A. 香气　　B. 颜色　　C. 形状　　D. 以上 3 项都对

7. 园艺产品在人们生活中，最重要的作用之一就是提供人们日常食物中所需的（　　）等产品。

A. 水果　　B. 蔬菜　　C. 果蔬

8. 在中国，食疗已有（　　）多年的历史。

A. 2000　　B. 1500　　C. 1800　　D. 1000

9. 以下哪种物品不属于卫生部公布的既是药品又是食品？（　　）

A. 山楂　　B. 桂圆　　C. 枣　　D. 梨

10. 我国科学家于 2018 年在 *Cell*（《细胞》）上发表研究结果，描述了（　　）育种历程中果实品质特性的变化。

A. 苹果　　B. 番茄　　C. 香蕉　　D. 西瓜

11. 当前市场上深受消费者喜欢的'不知火''春见'和'沃柑'等柑橘新品种都综合了橘子和（　　）的风味。

A. 柚子　　B. 柠檬　　C. 橙子　　D. 枳

（二）判断题（正确的打"√"，错误的打"×"）

1. 野生西瓜小，只有普通桃的果个，果皮硬得要用锤子才能敲开，味苦，果肉有红色素积累。（　　）

2. 衣食住行是指人类维持生活所必需的穿衣、饮食、起居和出行，属人类赖以生存和繁衍不可或缺的，也是人类社会生活的基本内容。（　　）

3. 特征香气形成可指示产品成熟度，保证消费者的食用营养和安全，是园艺产品的重要品质指标之一。（　　）

4. 我国最早的一部医典《本草纲目》中记载了"谷盛气盛，谷虚气虚"，通俗地讲就是一个人吃得好，身体就好。（　　）

5. 科学研究证明，栽培苹果起源于中国，地点是新疆。（　　）

6. 食品和药品中的有效化学成分可分为两大类，即营养素成分和非营养素成分。以营养素为主的是药品类，它们给人们补给营养，参与人体构成，提供能量等，是人体生长发育必不可少的。（　　）

（三）思考题

1. 园艺产品的品质是如何影响人类生活的？

2. 园艺产品中为什么会积累生物活性物质?

3. 香蕉的品种改良是如何实现的?

※参考文献

代巧云, 余秋波, 2010. 白藜芦醇的预防保健作用. 现代预防医学, 37(17): 3235-3236.

傅维康, 1999. 最早的医学分科和医疗考核制度. 医古文知识(2): 32.

杨春玲, 刘义, 2009. 白藜芦醇对心血管系统的保护作用. 辽宁医学院学报, 30(1): 82-84.

中华人民共和国卫生部. 卫生部关于进一步规范保健食品原料管理的通知, 2002. [2021-03-07]. http://www.nhc.gov.cn/wjw/gfxwj/201304/e33435ce0d894051b15490aa3219cdc4.shtml

第二章

园艺产品的品质

健康是促进人的全面发展的必然要求，是经济社会发展的基础条件，是民族昌盛和国家富强的重要标志，也是广大人民群众的共同追求。健康既是一种权利，更是一种责任。随着园艺产业的发展以及人们对“吃”的方面要求的提高，人们对果蔬等园艺产品的消费需求方向也在不断发生变化，即在园艺产品的消费过程中更加注重品质。一般来讲，园艺产品的品质要素主要包括色泽、香味、风味、质地和营养功能 5 个方面，主要通过影响人类的感官，带给人们独特的感受。

第一节　园艺产品的色泽

一、色素的种类、分布及重要性

（一）色素的种类与分布

园艺产品呈现缤纷的色彩是由于含有不同种类的色素。其中，包括大家熟悉的绿色色素——叶绿素，主要有叶绿素 a 和叶绿素 b 这 2 类；也包括黄色、红色及蓝紫色的色素，主要有类胡萝卜素、黄酮类化合物、花色苷、甜菜色素这 4 类。

2.1　视频：色素的种类与分布

1. 类胡萝卜素

类胡萝卜素在生物界中广泛存在，有 600 多种，其中在植物中有 100 多种。根据分子结构分类，类胡萝卜素可分为胡萝卜素和叶黄素 2 类，胡萝卜素是不含氧原子的类胡萝卜素，常见的有 β-胡萝卜素、α-胡萝卜素、番茄红素，这 3 种色素从黄色到红色不等；叶黄素是含氧原子的类胡萝卜素，常见的有叶黄质、玉米黄质、堇菜黄质、β-隐黄质、β-柠乌素等，颜色也是从黄色到红色不等。

类胡萝卜素广泛存在于各类园艺产品的各类器官中，包括：根，如胡萝卜；茎，如土豆块茎；花，如菊花、桂花；果实，如柑橘、黄桃、枇杷、芒果、番茄、西瓜、甜瓜、辣椒等。其实，类胡萝卜素在叶片和茎等绿色组织中也大量存在，但因其在绿色组织中被叶绿素掩盖而常被忽视。所以，我们在膳食中补充类胡萝卜素时，除了食用果实外，也不应忽略叶菜类。

2. 黄酮类化合物

黄酮类化合物种类繁多，有数千种，包括黄烷酮、黄酮、异黄酮等。其中，我们经常听到的黄酮类化合物有槲皮素、橙皮素、柚皮素等。黄酮类化合物大多以糖苷形式存在，如被人熟知的生物活性物质芦丁就是槲皮素芸香糖苷。黄酮类化合物颜色以浅黄色为主，广泛存在于各类园艺产品中，是果蔬产品底色的组成部分。

3. 花色苷

虽然花色苷在化学分类上属于黄酮类化合物，但因其与大多数黄酮类化合物呈现颜色不同（花色苷呈现红色到蓝紫色不等），通常被单独作为一类植物色素。花色苷由花色素和糖缩合而成，其中最常见的花色素有 6 种，糖有 10 多种。因此，常见的花色苷有几十种。又以矢车菊素糖苷最为常见，尤其是矢车菊素-3-*O*-葡萄糖苷（cynidin-3-*O*-glucoside，C3G），即我们熟知的花青苷，呈现红色。

花色苷广泛存在于各类园艺产品的各类器官中，包括：根，如紫薯；茎，如红洋葱、红菜薹；叶，如紫甘蓝；花，如玫瑰、荷花、牵牛花等；果实，如苹果、桃、葡萄、草莓、荔枝、杨梅、蓝莓、黑玉米等。值得注意的是，花色苷在某些组织中含量较高，以致色泽较深，可能呈现出与色素原本颜色不一样的色泽。如有些杨梅品种果实含有大量花青苷，虽然色素是红色的，但果实呈现紫黑色。

4. 甜菜色素

甜菜色素，也称为苋菜色素，包括甜菜红素和甜菜黄素 2 类，分别呈现红色和黄色，且 2 类色素通常共存，使园艺产品总体呈现红色。拥有这类色素的植物较少，仅限于石竹目的部分植物，其中最为常见的是甜菜、苋菜以及火龙果果实。

（二）色素的重要性

首先，从人类的角度来看，色素赋予园艺产品各种诱人的色彩，带给人视觉上的享受。同时，很多色素还是对人体健康有益的生物活性物质，如类胡萝卜素、黄酮类化合物和花色苷都具有抗氧化活性，可清除人体自由基，延缓衰老，并都表现出抗癌活性，而这些功能均是不同色素所具有的共性。同时，有些色素还具有独特的保健功能，如 β-胡萝卜素、β-隐黄质、α-胡萝卜素都可在人体内转化为维生素 A，可促进人体生长发育、增强免疫力、保护眼睛。

其次，从植物的角度来看，不同色素在植物生命活动中所起的作用有同有异。就共同方面而言，植物积累色素是为了使花朵和果实等呈现出色彩，从而吸引昆虫等动物前来授粉，或吸引鸟类、哺乳动物等取食果实以传播种子，有利于植物的繁衍。同时，色素也是植物生存的需要，叶绿素是光合色素，在光合作用中必不可少；类胡萝卜素和花色苷等色素由于具有抗氧化特性，能够起到保护叶绿素免受强光破坏的作用。就不同方面而言，有些色素还对植物的正常生命活动起着独特的调控作用，如类胡萝卜素是植物激素——脱落酸（abscisic acid，ABA）的前体，参与植株衰老、胁迫响应、器官脱落、果实成熟等方面的调节；类胡萝卜素还是一种气态植物生长调节物质——独脚金内酯的合成前体，在调节植株分枝和菌根生长中起着重要作用。

二、色素的合成、储存与降解

（一）色素的合成途径

1. 叶绿素的合成

2.2 视频：色素的合成、储存与降解

叶绿素分子由卟啉环头部和叶绿醇尾巴组成。卟啉环和叶绿醇分别通过四吡咯途径和萜类途径合成。头部与尾部在叶绿素合酶（chlorophyll synthase，CHLG）催化下合成叶绿素，包括叶绿素 a 和叶绿素 b。同时，叶绿素 a 和叶绿素 b 之间还可以相互转化（图 2.1.1）。

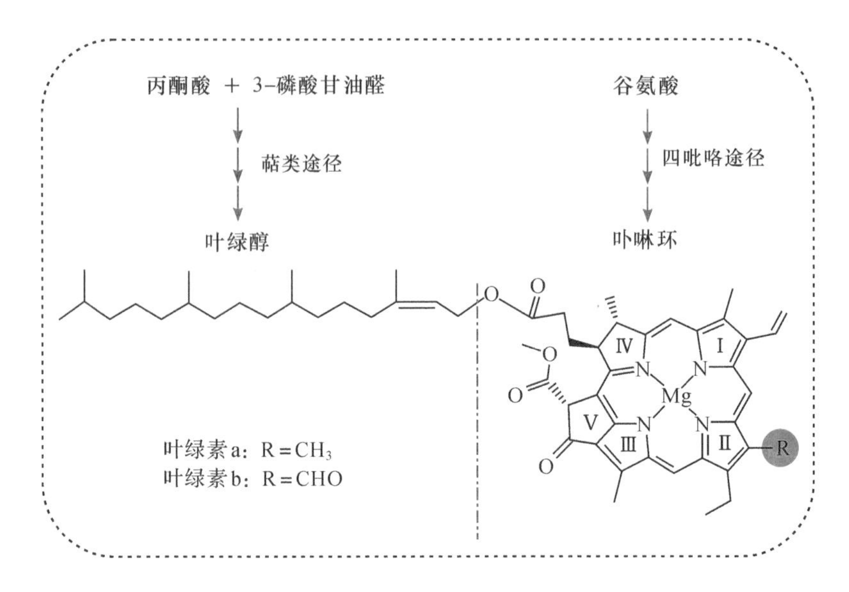

图2.1.1　叶绿素的合成

2. 类胡萝卜素的合成

类胡萝卜素也是萜类色素，与叶绿素尾巴合成有着共同的前体牻牛儿基牻牛儿基焦磷酸（geranylgeranyl pyrophosphate，GGPP）。GGPP 在八氢番茄红素合成酶（phytoene synthase，PSY）的催化下形成八氢番茄红素，再在一系列酶催化下转化成其他类胡萝卜素，包括我们所熟知的番茄红素、β-胡萝卜素、β-隐黄质，以及辣椒中特有的辣椒红素，还有侧金盏花属植物中特有的虾青素（图 2.1.2）。虾青素主要在藻类中合成，水生生物摄食藻类后在体内积累虾青素。虾青素本身是红的，但在水生生物体内通常会与一种蛋白质结合而产生光吸收波长漂移现象，从而呈现青色。在水产品被煮熟后，虾青素会恢复为本来的红色，这也正是虾和螃蟹煮熟后会变红的原因。

3. 花色苷及黄酮类化合物的合成

花色苷是黄酮类化合物的一种，黄酮类化合物又是酚类化合物的一类，因而花色苷和黄酮类化合物都是通过酚类途径合成。这一合成途径起始于一种氨基酸——苯丙氨酸。苯丙氨酸解氨酶（phenylalanine ammonia-lyase，PAL）以及查耳酮合成酶（chalcone synthase，CHS），通常是决定黄酮类化合物物质总量的 2 个关键酶。查耳酮在一系列酶催化下转化为黄酮、黄烷酮、黄酮醇、原花青素和花色苷等物质（图 2.1.3）。

4. 甜菜色素的合成

甜菜色素为含 N 的芳香吲哚化合物，尽管该色素也是水溶性色素，也呈红色，合成前体酪氨酸也是一种氨基酸，但合成途径与黄酮类化合物合成途径没有交叉（图 2.1.4）。

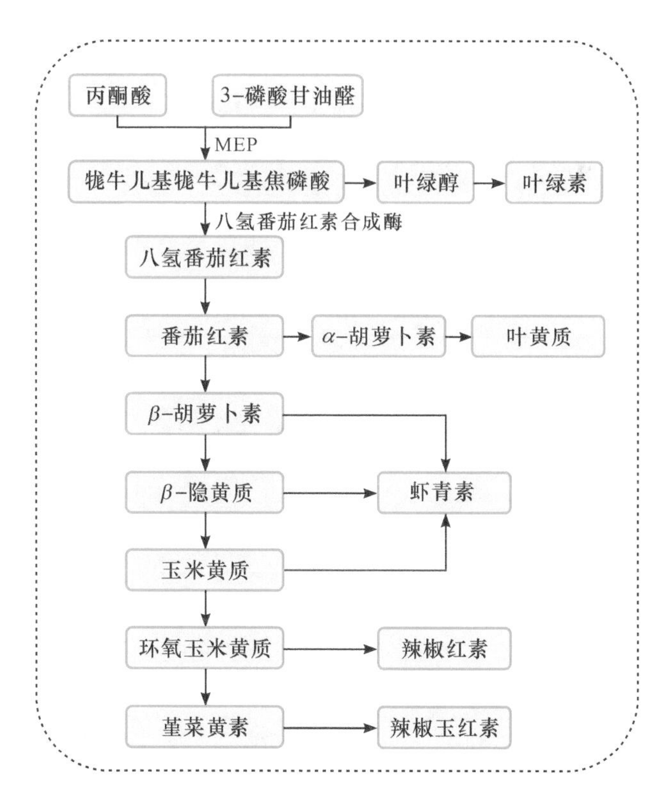

注：MEP，2-*C*-甲基-*D*-赤藓糖醇-4-磷酸途径。

图2.1.2　类胡萝卜素的合成

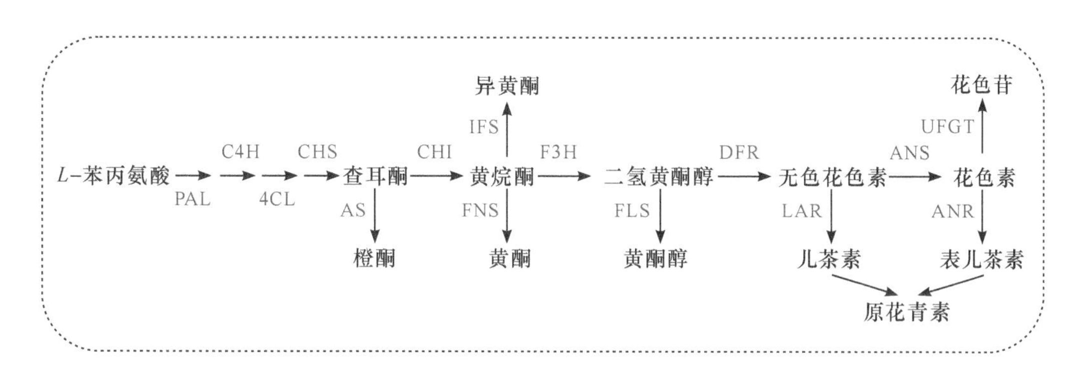

注：PAL，苯丙氨酸解氨酶；C4H，肉桂酸-4-羟化酶；4CL，4-香豆酰辅酶A连接酶；CHS，查耳酮合成酶；AS，香树素合成酶；CHI，查耳酮异构酶；FNS，黄酮合成酶；IFS，异黄酮合成酶；F3H，烷酮-3-羟化酶；FLS，黄酮醇合成酶；DFR，二氢黄酮醇-4-还原酶；LAR，无色花色素还原酶；ANS，花色素合成酶；ANR，花色素还原酶；UFGT，UDP葡萄糖-黄酮类-3-*O*-葡萄糖基转移酶。

图2.1.3　花色苷及黄酮类化合物的合成

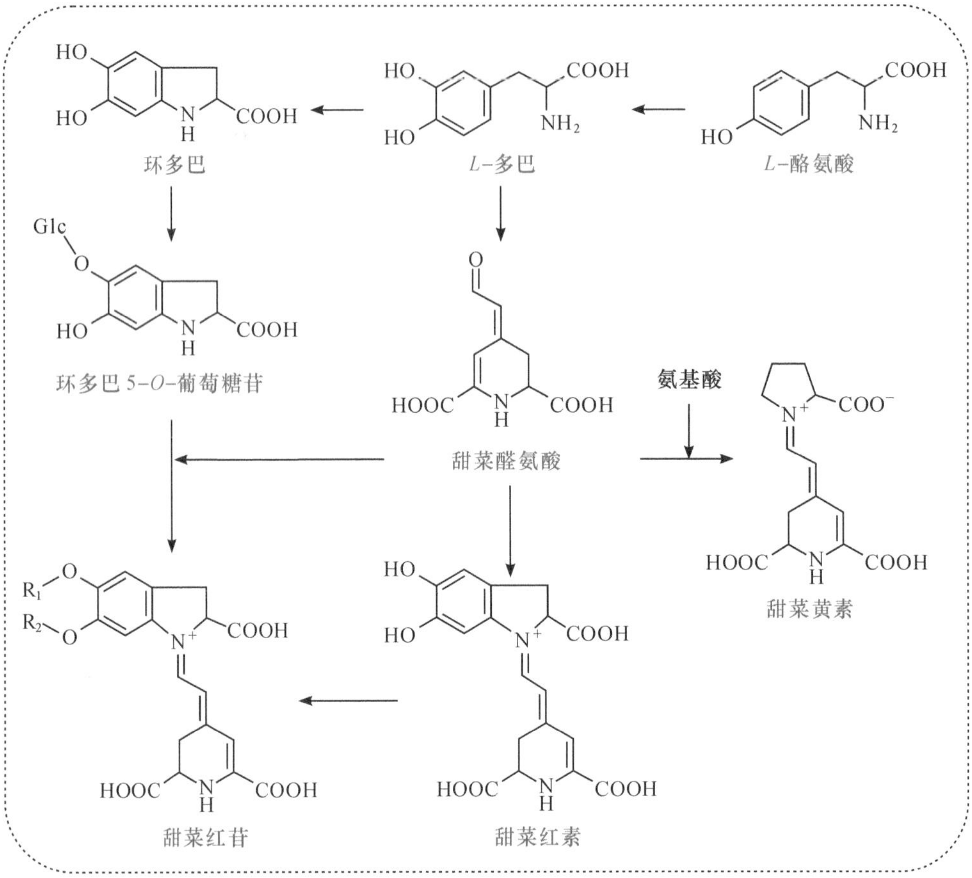

环多巴
L-多巴
L-酪氨酸
环多巴5-O-葡萄糖苷
甜菜醛氨酸
氨基酸
甜菜黄素
甜菜红苷
甜菜红素

图2.1.4　甜菜色素的合成

（二）色素的合成及储存部位

叶绿素和类胡萝卜素都在质体内合成，两者都是脂溶性色素。质体是植物细胞特有的细胞器，包括叶绿体、有色体等多种形态。叶绿素在叶绿体中合成，而类胡萝卜素则在叶绿体、有色体等几种带颜色的质体中合成。叶绿素和类胡萝卜素最终储存于质体中，储存与合成部位一致。

花色苷和甜菜色素都是水溶性色素，它们都在细胞质中合成，但最终都储存在液泡中。合成与储存部位不同，这涉及色素合成的细胞内转运步骤。目前，人们对于花色苷的转运机制比较清楚，已经发现了4类相关转运蛋白。其中，谷胱甘肽 *S*-转移酶（glutathione *S*-transferase，GST）的相关报道较多。

（三）色素的降解

在植物的生长发育过程中，色素的积累发生着动态变化，这一方面取决于合成的多与少，另一方面也受降解快慢的影响。在几大类色素中，有关黄酮类化合物、花色苷及甜菜色素的降解研究较少，而叶绿素和类胡萝卜素的降解较受关注。

1. 叶绿素的降解

叶绿素的降解途径比较复杂，涉及10多种酶以及叶绿体、细胞质和液泡这3个细胞空间（图2.1.5）。降解途径中的任一环节出现问题，都有可能导致叶绿素降解受阻，表现为“滞绿”现象。

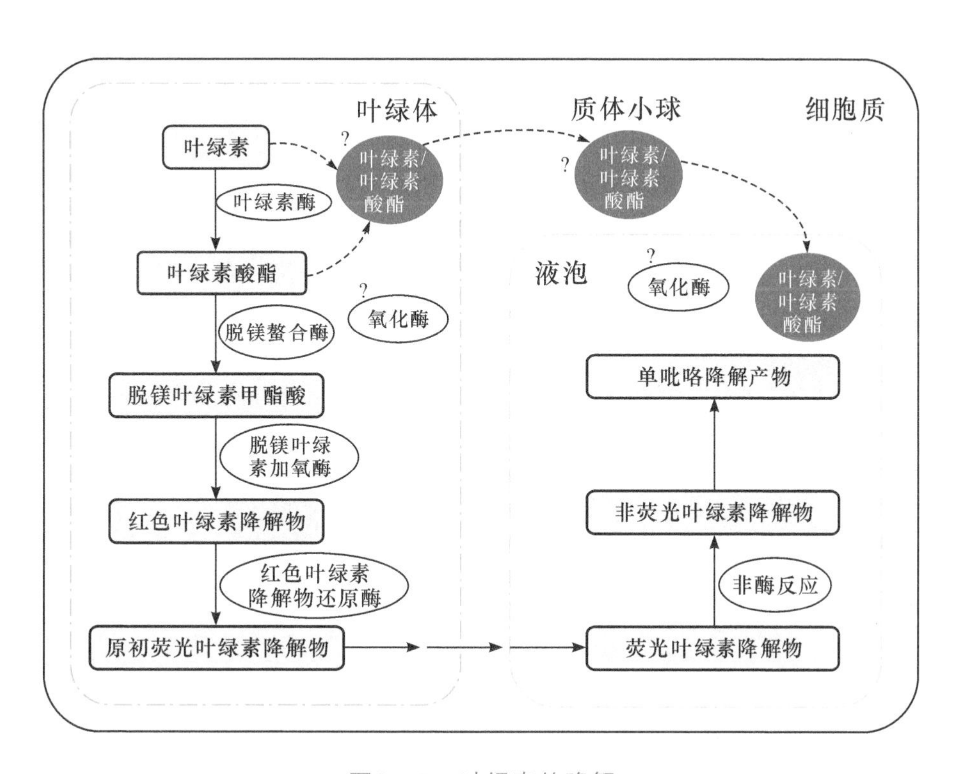

图2.1.5　叶绿素的降解

科学家研究发现，至少有5种机制可以导致“滞绿”，并鉴别了导致“滞绿”的相关基因。在孟德尔研究遗传规律的豌豆试验中，所观察的7对相对性状中就包括了黄色子叶和绿色子叶，该绿色子叶就是叶绿素降解受阻所致。目前，科学家已经探明了导致豌豆叶绿素降解受阻的原因——降解代谢主途径中的脱镁叶绿酸a加氧酶（pheophorbide a oxygenase，PAO）基因发生了突变。

类似的突变在其他植物上也存在，且有时这种突变还会给人类带来一些益处，如一些具有“滞绿”特征的草由于其可以在冬天较长时间保持绿色状态，因此具有成为冬季草坪草的潜质。

2. 类胡萝卜素的降解

类胡萝卜素种类较多，因此降解途径也相当复杂，降解产物种类也十分丰富。在多数情况下，类胡萝卜素的降解产物是无色的，因此类胡萝卜素降解使得园艺产品器官呈现浅色，如白色菊花花瓣、白色土豆块茎以及白肉桃果实都是由类胡萝卜素降解快于合成所致。但是，类胡萝卜素的降解并不完全是一个消极的生命过程。事实上，许多降解产物在植物的生命活动中起着重要作用，如 β-胡萝卜素降解生成的 β-紫罗兰酮是一种浓郁的香气物质，有助于吸引动物来给花朵授粉或取食果实以传播种子；又如降解产生的 ABA 是一种重要的植物激素，可调节衰老和果实成熟以及胁迫响应；降解产物中还有一种被称为独脚金内酯的气态物质，科学研究表明其可以调节植物分枝，并可调节植物与共生真菌的互作。

上述多数情况下的类胡萝卜素降解产物是无色的，但在一些情况下的降解产物是有颜色的。例如，番茄红素在胭脂树种子中可以降解成一种称为胭脂树橙的物质，其呈橙红色，是应用于食品工业的主要天然色素之一。藏花素，俗称栀子黄，来源于玉米黄质的降解，它在藏红花柱头中的大量积累使得柱头呈现红色，它也是一种广泛应用于食品工业的天然色素。红橘‘克里曼丁’果皮中特有的一种色素——β-柠乌素，也是类胡萝卜素的降解产物。

三、色素的利用与积累调控

叶绿素、类胡萝卜素、花色苷和甜菜色素都是食品上常用的天然色素。这些色素覆盖了绿色、黄色到红色不等，并且有水溶性和脂溶性 2 大类别，可以满足各种不同类型食品加工的需要。

2.3　视频：色素的利用与积累调控

除了添加到食品中，更多的天然色素主要通过我们食用果蔬产品被人体吸收利用。因此，探讨色素积累的调控机制具有重要意义。纵观以往研究发现，影响和调控园艺产品色素积累的因子主要包括遗传因素、组织类型、发育、环境因素及化学处理等。

1. 遗传因素

色素代谢途径中的基因突变会影响色素积累，如豌豆子叶呈现绿色是由基因突变所致。江南特色水果枇杷，以黄肉类较为常见。但实际上，白肉枇杷也已上市多年，不过由于总量较少且不耐贮运，因此不被人熟知。研究表明，白肉枇杷果肉中的类胡萝卜素含量很低，仅为红肉枇杷的 1/50 左右；进一步的研究发现，这是因为白肉枇杷中类胡萝卜素合成的关键基因 *PSY2A* 发生了突变。

越来越多的研究表明，有些色素积累发生变化的突变体中，色素代谢途径中的结构基因均未发生突变，而是由于调控结构基因表达的转录因子发生了突变。如 2004 年在 *Science*（《科学》）上发表的一篇论文揭示，在一种红葡萄的转录因子 *MYB* 中插入一个逆转座子而造成突变，随后该红葡萄自交使得突变基因纯合产生了白葡萄。类似的例子在其他植物上也普遍存在。如研究发现，一种名为‘水晶’的白杨梅，由于在

MYB 基因编码区发生了 1bp 的碱基缺失突变，致其不能积累花青苷，从而呈现白色。当然，不是所有的突变都会导致色素积累变少，有些突变甚至可使得色素积累增多，如红肉苹果、血橙果实积累花青苷，红心柚果实积累番茄红素，金色花椰菜花球积累β-胡萝卜素等，都是突变使得色素增多的例子。

色泽突变体是大自然中通过基因突变改变了色素积累的物种。利用类似的原理，科学家应用转基因等生物技术人为定向获得了色素积累改变的园艺产品，创造了积累花青苷的番茄果实、积累β-胡萝卜素的黄金土豆、积累虾青素的玉米等新种质。

2. 组织类型

组织类型影响色素积累的现象在生活中十分常见，例如，成熟果实通常很少积累叶绿素而主要积累黄色到红色的各类其他色素，而叶片则主要积累叶绿素。在果实上，果皮和果肉组织色素积累的差异也十分明显，如果皮中积累花青苷的红色葡萄十分常见，而绝大多数葡萄品种果肉中则没有花青苷积累；又如红橘等红色柑橘的果皮中积累了β-柠乌素，但其果肉中则不存在这一红色色素。

3. 发育

随着园艺产品的成熟与衰老，色泽往往会急剧发生变化，相应的色素含量与组成也会发生变化。通常情况下，在成熟衰老的进程中，叶绿素会不断流失，类胡萝卜素和花色苷等其他色素则逐渐积累，使园艺产品呈现绿色到黄色、红色，再到蓝紫色等色泽变化。

4. 环境因素

影响色素积累的环境因素主要是光照和温度。光照促进色素积累，在调控花色苷合成方面效应特别突出。研究发现，如果在杨梅果实转色前为其套上黑色果袋，就可以在果实成熟的时候获得花青苷积累量大大下降的白杨梅；反之，对转色期前的桃果实进行紫外照射处理，则可以促进花青苷积累和果实着色。研究还发现，‘玉露’桃只对波长较短的紫外线 B 段（ultraviolet-B，UV-B）敏感，而太阳光中的紫外线以紫外线 A段（ultraviolet-A，UV-A）为主，占 95%，UV-B则只占 5%。这可能正是该品种在田间自然条件下难以积累大量花青苷从而着色较浅的原因。根据光照调控花青苷积累这一原理，对桃果实采用不同颜色的无纺布果袋套袋，可以获得不同着色程度的桃果实。其中，浅粉色无纺布袋套袋果实的着色甚至深于一直不套袋的果实。

温度对于色素的积累也非常重要。以苹果为例，较低的温度刺激对于苹果花青苷积累和果实着色十分重要。如新西兰的一研究小组发现，同一苹果品种，在新西兰着深红色，在西班牙则呈亮红色或浅红色。研究人员推测新西兰的苹果着深红色，是由于成熟季节时新西兰的夜间温度较低，有利于花青苷积累。他们设计了一个果实加温试验，使得被加温的果实的生长环境温度在夜间也始终维持在 15℃以上，而未被加温的果实环境温度在夜间可低至 10℃左右。结果显示，被加温果实的果皮中积累的花青

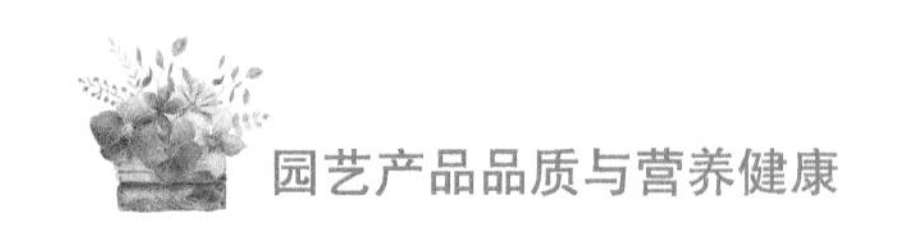

苷大大减少。这一试验表明，夜间低温促进了苹果的着色。

5. 化学处理

除了遗传、组织类型、发育和环境因素外，一些化学处理也可改变果实色素的积累。著名的例子是对青色的柑橘果实用乙烯进行脱青处理，可以促进叶绿素的降解，从而使类胡萝卜素的色泽得以呈现。随着研究的不断深入，将会有越来越多的调控措施被付诸实践。

总之，色素不仅可直接通过园艺产品被人体摄取和利用，而且可在食品领域作为着色剂应用。园艺产品中色素的积累受遗传、组织类型、发育和环境因素等影响，人们已经运用传统和现代的育种手段以及改变微环境的农艺措施实现了对色素积累的调控。

第二节　园艺产品的香味

一、园艺产品香气物质的来源

1. 人们感受香味的嗅觉基本原理

2.4　视频：园艺产品香气物质的来源

2004 年诺贝尔生理学或医学奖获得者阐明了人类嗅觉系统的工作机制。该研究发现，人的鼻腔细胞膜上分布着气味受体，人类使用了大约 1000 个基因对这些气味受体进行编码，主要目的是用于分辨不同的气体。气味受体被气味分子激活后，会产生电化学信号；这些信号先从鼻腔进入颅内，最后被传至大脑嗅觉皮层的某些精细区域，结合成特定模式，从而被人类感知（图 2.2.1）。同时，科学家还发现，每种气体分子都会激活多个气味受体，进而与大脑其他区域的信号进行传递，并组合成一定的气味模式。尽管气味受体只有大约 1000 种，但它们可以产生大量的组合，形成大量的气味模式。因此，人们能有意识地感受到玫瑰花等的不同香味，并在其他环境下想起某种气味来。

2014 年发表在 *Science*（《科学》）上的一项研究结果表明，在理论上，人的眼睛可看清 1000 万种颜色，耳朵能听到近 50 万种声调，而人的鼻子则可识别 1 万亿种气味（BUSHDID等，2014）。这些研究大大提高了人们对于香味感知的认识。

2. 香气形成的物质基础

香气物质属于挥发性有机化合物（volatile organic compounds，VOCs），通常具有如下属性：相对分子质量通常小于 300kDa，能溶于油脂，常温下呈气态，可被嗅觉器官感知。香气物质刺激神经产生的嗅觉不一定局限于愉快的感觉，这受香气物质种类、

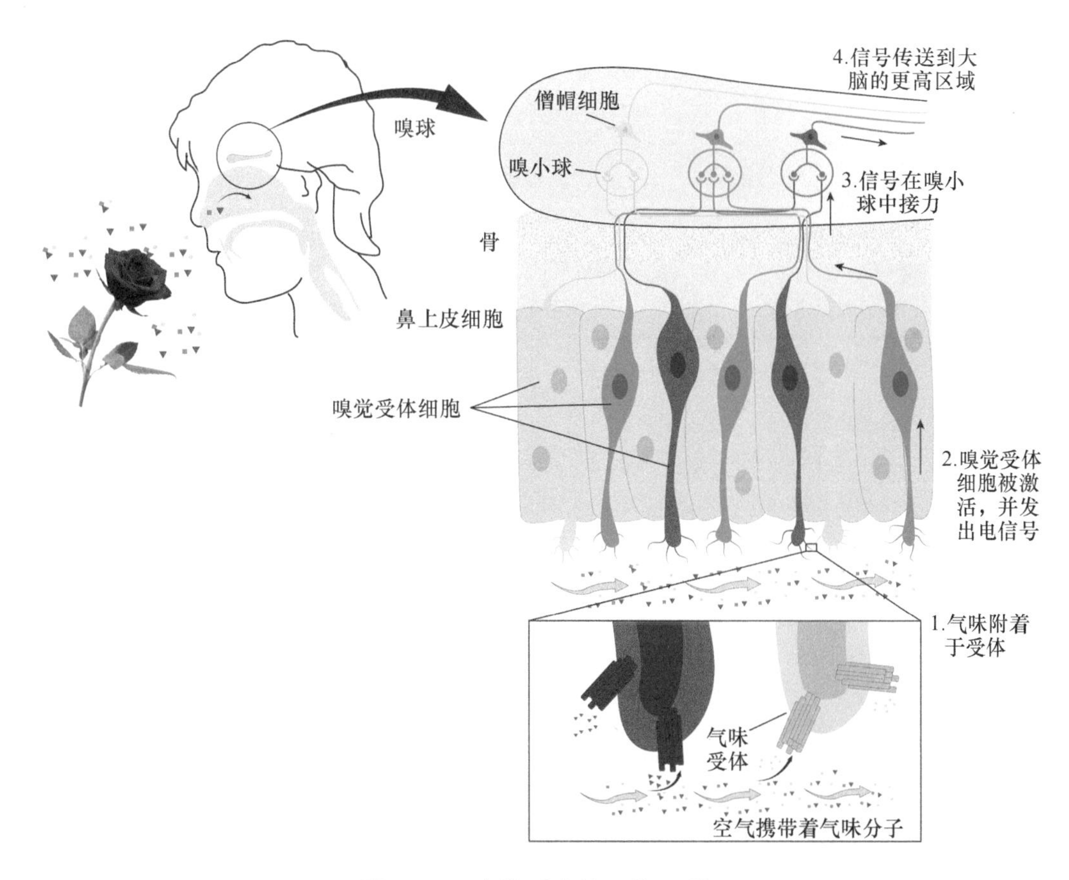

图2.2.1　嗅觉系统的工作原理

浓度等因素影响。

随着科学技术的进步，人们不断发展和完善了检测香气物质的分析方法和设备，大大加快了其研究进程。现在主要通过结合模糊的感官评价和精确的气相色谱-质谱联用（gas chromatograph-mass spectrometer，GC-MS）技术进行香气物质鉴别。目前已被鉴别的植物香气物质有1000多种，根据化学结构，可以分为萜类、醛类、醇类、酯类、内酯类、酮类、呋喃、酚类等，其中萜类是种类最为丰富的香气物质（图2.2.2）。

3. 园艺产品的特征香气

通常来讲，萜类物质是柑橘、芒果、香菜和香桃木等园艺植物的主要香气物质。含硫的化合物具有刺鼻的香气，主要分布在葱、蒜、韭菜、芥菜等百合科与十字花科园艺植物中。成熟果实的“果香型”香气主要来自酯类、内酯类等物质，而未成熟果实的“青香型”香气物质主要为醛类。

对于一些园艺产品来说，并没有特征的香气物质，而是需要多种香气物质共同作用才会形成香味。比如番茄果实，虽然含有400多种香气物质，但是和消费者喜欢程度密切相关的物质大约只有20种，包括醛类、醇类和萜类等物质。

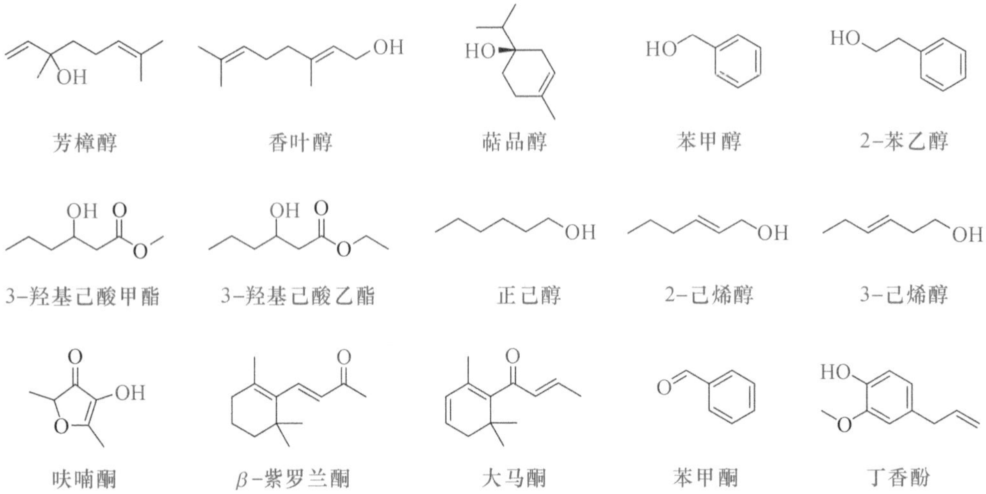
OH
OH
HO
HO
HO
芳樟醇
香叶醇
萜品醇
苯甲醇
2-苯乙醇
OH O
O
OH O
O
OH
OH
OH
3-羟基己酸甲酯
3-羟基己酸乙酯
正己醇
2-己烯醇
3-己烯醇
O
OH
O
O
O
O
HO
O
呋喃酮
β-紫罗兰酮
大马酮
苯甲酮
丁香酚

图2.2.2　一些香气物质的结构

不同于番茄果实，一些园艺产品只需要一种或少数几种香气物质，就可以体现香味特征。比如豌豆具有强烈的“菜园味”，主要来自 2–异丙基–3–甲氧基吡嗪，在泳池中加入几小滴就可以被闻出；黄瓜新鲜的香味，主要来自反–2–壬烯醛；草莓果实的甜香，主要来自草莓呋喃酮；葡萄柚果实的香气，主要来自诺卡酮；香蕉果实香味形成的物质基础主要是乙酸异戊酯；苹果的香味则主要来自 2–甲基丁基乙酸酯。

胡椒，被很多人称为是改变世界的果实。它的主要香气成分是胡椒碱，作用是增香、去除异味。在 14—15 世纪，由于保存方法落后，肉类等食物容易变味。贵族们发现只要把胡椒粉末撒在这类食物上，异味就会马上被驱散，同时还能将深藏在食物之中的香味激发出来，让人食欲大增。如黑胡椒牛排、黑胡椒意大利面等，都是与胡椒结合产生的经典美食。通常所说的黑胡椒，由未成熟的绿色浆果制成，而白胡椒则选用完整成熟的浆果制成。黑胡椒香味更馥郁，但容易消散；白胡椒香味较弱，但保留时间较长。

作为香料的葱、姜、蒜具有浓烈的辛辣气味，这些气味来源于含有硫的挥发性物质。具体而言，大蒜的香味主要来源于大蒜素，生姜的气味主要来源于 6–姜酚。另外，香草的香味主要来源于香兰素，薄荷的香味主要来源于薄荷醇。这些以园艺植物名称命名的香气物质，表明了它们对于香味组成的重要性。

茉莉花具有迷人的茉莉花香，深受人们喜爱。吲哚是茉莉花香味形成的重要物质。如果完全去掉茉莉花萃取液中的吲哚，那么茉莉花将失去浓郁的香味。吲哚是由苯环和吡咯环共用 2 个碳原子稠合而成的，因此也叫苯并吡咯（图 2.2.3）。然而，不同浓度的吲哚会产生截然不同的气味。吲哚的魔力在于其具有双重嗅觉特征，在极低浓度下具有明快的花香，而在较高的浓度下却有难闻的臭味。一方面，吲哚是茉莉花等许多白色花朵的花香成分之一；另一方面，吲哚又是人类粪便臭味的主要成分，这些臭味是在细菌的作用下由色氨酸降解产生的（康乐等，2020）。通常情况下，当吲哚含量大于 1% 时，就会产生一种令人厌恶的粪便腐烂的味道。然而，在茉莉花的香气成分中，吲哚含量高达 5% ～ 18%，却没有粪便的臭味，这就是大自然的高明之处。目前，对此现象合理的解释是，任何花香都不是由单一化合物呈现出来的，而是众多挥发性化合物混合后，彼此促进和抑制的结果。

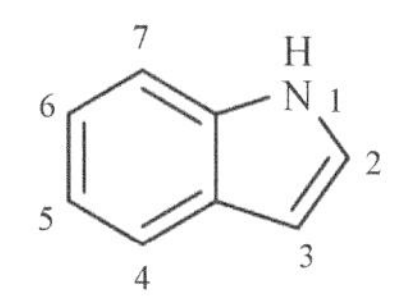

图2.2.3　吲哚

二、香气物质的合成、储存与释放

前面已经提到，园艺产品的香气物质种类繁多。据不完全统计，已经有超过 1000 种香气物质得到鉴别。不同种类的园艺产品香味差异很大，园艺产品多样的香气物质种类为人们探索香气物质的合成、储存与释放提供了良好的研究材料。同时，认识这些物质的合成、储存与释放，对于改善和利用园艺产品的香味也具有重要意义。

2.5　视频：香气物质的合成、储存与释放

（一）香气物质的合成

香气物质有上千种，且结构多样，根据它们形成的前体物质不同，大致可以分为以下几个合成途径：萜类途径、氨基酸途径、脂肪酸途径、呋喃/吡喃酮类途径、莽草酸途径（图 2.2.4）。

1. 萜类途径

对于萜类香气物质而言，它们构成的基本单元是 5 个碳的半萜（C_5）。含有 10 个碳的单萜（C_{10}）和 15 个碳的倍半萜（C_{15}）具有挥发性，是园艺产品主要的萜类香气物质。单萜和倍半萜的合成途径不同，其中单萜来源于质体中的 2-*C*-甲基-*D*-赤藓糖醇-4-磷酸（2-*C*-methyl-*D*-erythritol-4-phosphate，MEP）途径，倍半萜则来自细胞质中的甲羟戊酸（mevalonic acid，MVA）途径。倍半萜和单萜在萜类合成酶（terpenoid synthase，TPS）催化下合成，经氧化还原、酰化和糖基化等修饰，形成各种萜类香气物质。通过转基因的研究手段，已经鉴别出了多个参与萜类香气物质合成的*TPS*基因。比如，抑制 TPS 家族成员 *CitMTSE1* 的表达，可显著减少甜橙果皮组织的*D*-柠檬烯含量。除了 TPS，类胡萝卜素裂解双加氧酶（carotenoid cleavage dioxygenase，CCD）也参与了萜类香气物质的形成，如番茄的 β-胡萝卜素通过 CCD 的催化作用，降解形成了 β-紫罗兰酮，其为番茄果实中受到人们喜欢的萜类香气物质。

2. 氨基酸途径

芳香族氨基酸和支链氨基酸是氨基酸途径香气物质的重要来源，通过一系列催化反应，可以分别形成挥发性苯酚类化合物和支链氨基酸衍生物。作为芳香族氨基酸的苯丙氨酸可直接用于苯乙醛和苯乙醇等物质（C_6–C_2）的合成，也可在苯丙氨酸解氨酶（PAL）作用下生成肉桂酸，后者可直接用于苯甲醇、苯乙醇以及对应的酯类等香气物质（C_6–C_1）的合成。肉桂酸还可以再转化为乙酸松柏酯，用于丁子香酚和异丁子香酚等（C_6–C_3）的合成。来源于支链氨基酸的香气物质包括2–甲基丁醛、2–甲基丁醇和2–异丁基噻唑等，生物合成途径较为复杂，很多酶和编码基因还需要进一步的研究鉴别。

3. 脂肪酸途径

脂肪酸途径的香气物质主要来自脂氧合酶（lipoxygenase，LOX）途径，少数则来自脂肪酸的 α–和 β–氧化途径，目前以 LOX 途径研究较为清楚。番茄果实中的研究表明，通过转基因方法抑制基因家族成员 *TomLOXC* 表达，转基因番茄果实中的己醛、己醇等香气物质含量显著减少。乙醇脱氢酶（alcohol dehydrogenase，ADH）催化醛类与醇类香气转化，增强番茄 *ADH2* 表达从而显著促进反–3–己烯醇积累。乙醇乙酰基转移酶（alcohol acyltransferase，AAT）催化醇向酯的转变，是果香型香味的重要来源。目前研究认为，脂肪酸的 β–氧化途径参与了内酯类香气物质的生物合成。

（二）香气物质的储存与释放

在合成后，香气物质会转运到细胞中的特定部位进行储存。香气物质具有挥发性，如果需要储存，就需要转变为不能挥发的物质。在1969年，人们才发现了这些不能挥发的香气物质以储存形式保存。相比于挥发性的香气物质而言，这些储存形式的非挥发性香气物质被称为结合态香气物质，目前已经鉴别出了200多种能够以结合态形式存在的香气物质。这些结合态香气物质主要储存在植物的液泡中。组织达到某个生长发育阶段或受到外界因子刺激时，一些结合态芳香物质可以转化为游离态，并从组织中释放，形成香味。

结合态芳香物质通常发生糖基化修饰。最常见的糖基供体分子是尿嘧啶核苷二磷酸–葡萄糖（UDP–葡萄糖）。糖基转移酶的亚家族尿嘧啶核苷二磷酸–糖基转移酶（uridine diphosphate-dependent glycosyltransferase，UGT）是催化结合态香气物质形成的重要酶。发生糖基化修饰的香气物质的溶解性、稳定性和运输特性等发生了改变，并在液泡中保存。在番茄果实中，通过糖基化修饰愈创木酚、水杨酸甲酯和丁子香酚等物质，减轻了果实的刺激性气味。对于成熟桃果实而言，大约30%的芳樟醇是以结合态香气物质形式存在的。目前，利用生物技术等研究手段，科学家们已经从番茄、草莓、猕猴桃、香蕉以及桃等果实中克隆并且鉴别出了能够催化形成结合态香气物质的 *UGT* 基因。

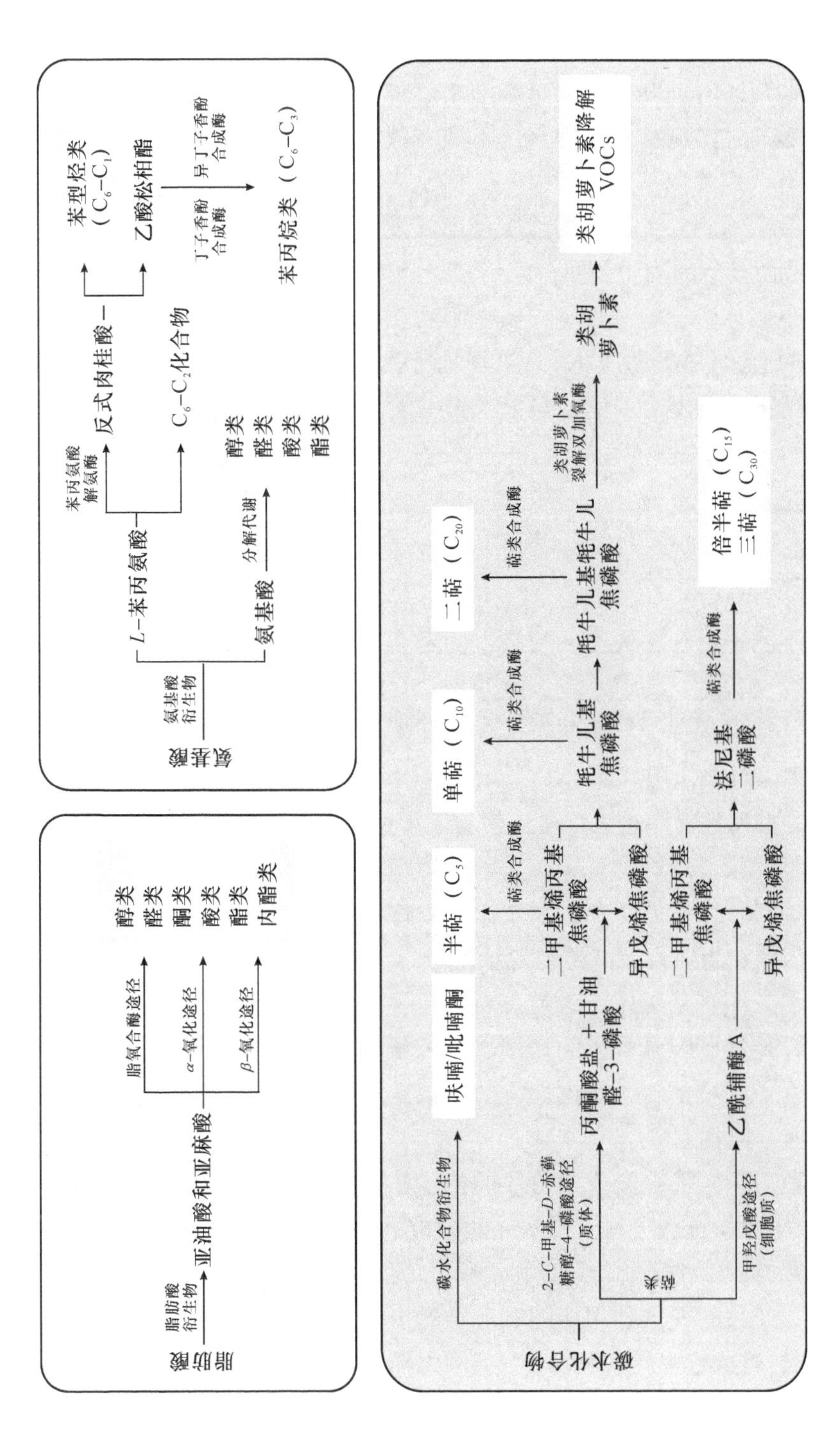

图2.2.4　香气物质的合成途径

葡萄果实除了鲜食，还可以通过加工方式制作成葡萄酒。对葡萄酒而言，香味是非常重要的品质指标。作为原材料的葡萄果实，其果品的选择和加工工艺对香味品质的形成具有决定性作用。在葡萄果实采收之前的栽培过程中，环境因子也会影响果实的香气。如果葡萄园附近发生过杂草或灌木燃烧等事件，葡萄果实会吸收燃烧产生的一些气体，然后通过形成结合态香气的形式在液泡中储存。正常采收的时候，人们并不能感受到具有“烟熏味”的葡萄果实。但是，在葡萄变成葡萄酒的加工过程中，由于加入了一些微生物和酶（如水解酶）帮助其发酵，结合态的“烟熏味”香气物质就会被释放，形成游离态的物质，使得人们在品尝葡萄酒的时候会感受到“烟熏味”。

人们在食用园艺产品的过程中，由于咀嚼和唾液的作用，结合态的香气物质也会被释放，形成游离态的香气物质，并且被嗅觉所感知。该种来源的香气被称为鼻后香味，是相对鼻前香味而言的概念。这也是园艺产品食用之后会产生更加丰富的香味的重要原因。

三、香气物质的利用与积累调控

1. 香气物质的重要性

园艺植物不同于动物和人类，其基本固定在一个地方生长，在面对不同的环境变化时，它们不能逃跑躲避，只能通过调整体内的生物代谢来进行适应。香气物质属于次生代谢产物，在植物的生长发育过程中发挥着重要作用。

2.6 视频：香气物质的利用与积累调控

花朵释放的挥发性物质是吸引昆虫授粉的重要因素。众所周知，多种兰花可散发出模仿雌蜂的香味，来引诱雄蜂采集花粉。在澳大利亚有一种名为‘舌兰’的兰花，散发出的香味使得雄性黄蜂对其的抵抗力基本为零，当地人把该类型的雄黄蜂命名为“兰花欺骗”。驱蚊香草（又名蚊净香草）属于天竺葵科多年生草本植物，该植物含有一种名为香茅醛的香气物质，能起到驱赶蚊子的作用。园艺植物的香气也被认为是植物之间以及植物和动物之间交流的“语言”。比如，植物被毛虫危害后，会释放出一些特殊的香气物质吸引黄蜂前来捕食毛虫。

相比于颜色对果实发育和成熟阶段的指示作用，消费者可通过感知气味来进一步提高辨识的准确性。特征香气对于果实成熟的指示作用，起到了吸引消费者食用的效果，既保证了食用者的营养和安全，又有利于种子传播与物种繁衍。

人们对园艺产品的香气利用伴随着人类的历史发展进程，缺少香料的历史是不可想象的。香料直接同战争、贸易路线、美洲大陆发现、医学治疗、化妆品制作和宗教仪式等相关，同烹饪的关系更是紧密（白红彤等，2006）。公元11—17世纪，香料主宰了欧洲人的口味、财富和想象力，中世纪的烹饪呈现出新的重点和创意——所有食物都必须加上香料。那时候的一只羊可以用一斤生姜交换，胡椒可以充当货币用于缴纳房租。时至今日，黑胡椒已经没有了早先时候的昂贵价格，走入了寻常百姓家，但由于人们对于美味的永恒追求，使得园艺产品的香气物质一直有着广阔的市场。

香料战争之后，欧洲人发明了用水蒸气蒸馏提取芳香精油的方法。从此，香料应用从固体形态向液体形态转变，为整个香料工业的兴起和发展奠定了基础。以玫瑰为例，玫瑰精油是世界名贵的高级浓缩香精，是芳香精油中的精品，是制造高级名贵香水的既重要又昂贵的原料。1930 年推出的一款名为 JOY 的香水，是当时世界上成本最高的香水。制备 30mL 这种香水需要 1 万多朵茉莉和 28 打（1 打=12 支）玫瑰，且主要用的是保加利亚玫瑰、格拉斯的五月玫瑰及茉莉花。此外，玫瑰花的香美之气及其独特的药效受到了医药学家的高度重视。《食物本草》《药性考》《本草纲目拾遗》《本草从新》《现代实用中药》等中医药书籍中均报道了玫瑰的药用功效。玫瑰香薰疗法又叫芳香疗法，由法国人发明，它可以起到间接预防疾病、保健的作用。玫瑰精油具有保湿、抗皱、抗衰老的作用，还可以促进女性激素的分泌。芳樟醇也叫作沉香醇，具有铃兰花的香气，可来源于橙子叶片、柠檬叶片、玫瑰花和薰衣草等。含有这种香气物质的精油具有抗癌作用，能够保护免疫系统，对多种病原菌具有抑制和杀灭能力，另外还可起到镇静和助眠的作用。

2. 香气物质含量的积累和变化

园艺产品的香气物质具有广泛的应用价值，其在园艺植物的生长发育过程中也会发生变化。以牵牛花为例，花朵在盛开阶段具有最丰富的香气物质含量，而后随着花朵的衰老和凋谢，香气逐渐减弱。

对果实而言，在成熟过程中伴随有明显的香味变化，这主要和香气物质的含量变化有关。比如刚刚购买的猕猴桃果实比较硬，还没有达到食用阶段，此时的果实主要积累青香型的 C_6 醛类物质，如己醛和己烯醛等。随着果实软化，青香型的物质含量减少，果香型的酯类物质含量快速增加，产生了成熟猕猴桃果实所具备的果香味道。由上可知，园艺产品的发育成熟阶段影响着香气品质的变化。

为了延缓衰老，采后的园艺产品通常会进行低温贮藏。比如，我们从市场上购买了番茄等果实，会将其放在冰箱中进行保鲜贮藏。然而，这种低温的贮藏方法可能会引起食用品质的变化。研究发现，番茄果实在 4℃温度的冰箱中贮藏 7 天后，再转移到常温存放 1 天后食用，果实的风味会变差，主要原因是低温减少了香气物质的含量积累，即使在室温条件下恢复 3 天，也不能达到新鲜采收番茄的香味。因此，应尽量食用新鲜采收的番茄。

3. 香气物质的调控

随着科学技术的发展，尤其是生物技术的进步，人们已经可以调控园艺产品的香气。对脐橙而言，如果果实释放较高含量的柠檬烯，会更加容易发生病害和腐烂。通过基因工程方法，减少柠檬烯含量，能够有效减轻脐橙果实在贮藏过程中的腐烂程度。

为了提高和改善番茄果实的香味，人们采用转基因方法增加了香叶醇含量，生产的果实具有玫瑰香味。通过对消费者的分析，发现绝大多数消费者喜欢该种具有玫瑰香味的番茄。

综上所述，香气物质对园艺植物本身而言，是适应环境胁迫的需要，其对细菌和真菌均具有杀除能力，可提高植物对环境的抗性。对动物而言，园艺产品释放的香气物质可以吸引昆虫等授粉，吸引鸟类和哺乳动物等取食进而传播种子。另外，一些香气物质还具有驱虫的功效。对人类而言，园艺植物的香气物质可以愉悦身心，是嗅觉的享受和心灵的陶冶。香气物质含量的积累和变化，受到园艺产品的发育阶段以及采后贮藏物流措施的影响。通过分子生物学技术，人们可以有效改变园艺产品的香气物质组成与含量，对其进行更加有效的利用。

第三节　园艺产品的风味

风味广义上包括香味，但狭义上特指舌头感觉到的味道。对园艺产品而言，甜、酸、苦、辣、涩等是主要的风味。

2.7　视频：甜酸风味的形成及调控

一、甜酸风味的形成及调控

（一）甜酸风味的物质基础

1. 甜味的物质基础

甜味是人们最喜欢的风味，人类甚至人工合成了糖精和阿斯巴甜等甜味剂以增强食品的甜味，但天然的风味物质仍然是食物中甜味的主要来源。绝大多数园艺产品中的甜味来自糖，且主要是可溶性糖，因为淀粉、纤维素、半纤维素和果胶等不可溶性多糖不会产生甜味。但植物天然甜味剂并非只有糖，在极少数植物上积累的相当于蔗糖数百到数千倍甜度的甜蛋白、甜菊糖苷和甘草甜素，也会赋予植物甜味。

园艺产品中的可溶性糖主要包括单糖和二糖，其中单糖主要包括葡萄糖、果糖和山梨糖醇，二糖则是蔗糖。山梨糖醇也简称为山梨醇，由葡萄糖分子中的醛基被还原成羟基而来，因而有时山梨糖醇也被称为葡萄糖醇。

不同的糖有着不同的甜度，果糖最甜，其甜度为蔗糖的 1.8 倍；葡萄糖不及蔗糖甜，甜度为蔗糖的 64%；山梨糖醇甜味更弱一些，甜度为蔗糖的 50%。因此，园艺产品的甜度不仅取决于糖的总含量，也取决于糖的种类。在同等含量条件下，富含果糖的园艺产品，如西瓜和枇杷等，往往会表现得更甜。事实上，园艺产品的甜味不仅取决于糖，有机酸的存在也会影响我们对甜的感受。例如柠檬，人们之所以不能感觉到柠檬的甜，就是因为它的有机酸含量过高。

2. 酸味的物质基础

园艺产品中的有机酸主要是二羧酸和三羧酸，前者包括苹果酸、酒石酸和草酸等，后者主要是柠檬酸（图 2.3.1）。虽然人与人之间对酸的感受存在个体差异，但一般认为有机酸含量高于 1%则有不可接受的酸感。不过，适度的有机酸存在往往可以使园艺产品呈现出更加理想的甜酸风味。

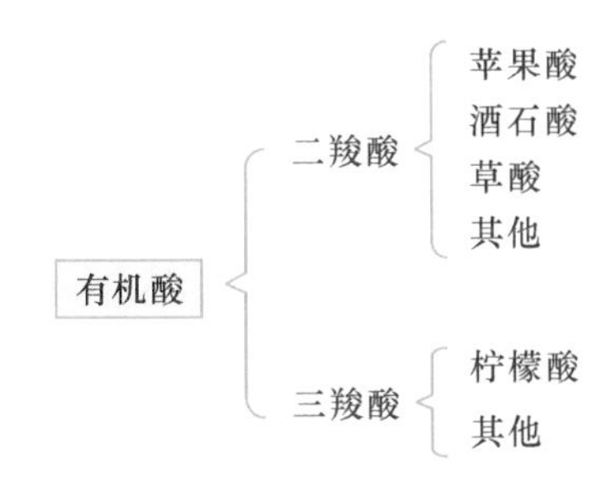

图2.3.1　园艺产品中的有机酸

（二）糖和有机酸在园艺产品中的分布情况

葡萄糖、果糖和蔗糖这 3 种糖通常共存于园艺产品中，相对比例因园艺产品种类而异。如柑橘、桃、杨梅果实中的糖以蔗糖为主，葡萄、枇杷和西瓜中果糖在总糖中的占比要高于其他水果，这也是这些水果甜味特别足的原因之一。而山梨糖醇只存在于蔷薇科植物组织中，如常见的苹果、梨、桃、枇杷、李、杏、草莓等；但在蔷薇科植物果实中，山梨糖醇也并不是最主要的糖，它的含量通常不会超过蔗糖、葡萄糖和果糖。此外，未成熟的果实中通常会积累一些淀粉，在果实成熟时淀粉会转化为糖，使糖含量上升，因此可溶性固形物含量往往会成为判断猕猴桃等果实采收成熟度的标准。

与糖类似，一种果实中的有机酸通常也不止一种，但与糖相比，有机酸积累受园艺产品种类的影响要明显得多。蔷薇科植物苹果、桃、李、枇杷等的果实中有机酸以苹果酸为主，香蕉和荔枝也有较多的苹果酸；柑橘、菠萝、芒果、石榴等以柠檬酸为主；梨和山楂中苹果酸和柠檬酸含量都较高；葡萄以酒石酸为主；菠菜和杨桃等果蔬富含草酸。

（三）果实中糖和有机酸的来源

果实中的糖主要来自叶片的光合作用，涉及光合作用产物从叶片到果实的运转；而果实中的酸一部分来自叶片，一部分由果实自身合成。因此，果实中的糖酸积累不仅取决于果实自身，还受叶片光合作用、光合产物运转等因素的影响。

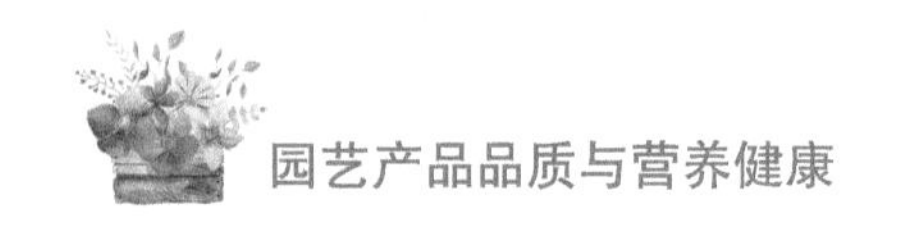

（四）影响果实糖酸积累的因素和调控途径

1. 遗传因素

不同种类（品种）果实间糖酸含量有着较大的差异。科学家首先探明了糖和有机酸代谢途径，并鉴别了一些关键基因，还尝试了基于转基因的调控，但总体而言，仍不能理想地解释种类（品种）间糖酸积累的差异。考虑到果实中的糖酸主要积累在液泡中，而代谢并非发生在液泡中，近来科学家们开始关注液泡膜上的糖转运蛋白和质子泵腺苷三磷酸（adenosine triphosphate，ATP）酶基因在调节果实糖酸积累中的重要性。

柠檬中有一种甜柠檬，由于有机酸含量很低，因而果实呈甜味。国外科学家对普通酸柠檬和甜柠檬的有机酸积累差异展开了研究，发现甜柠檬中负责液泡酸化的质子泵基因 *AN1* 不仅表达较弱，而且该基因编码区发生了突变，使得蛋白失去了转运氢离子的功能，所以果实呈现甜味。

不同品种柑橘也有着不同的糖酸调控机制。对温州蜜柑和浙江温岭的地方品种‘高橙’进行比较，发现成熟时温州蜜柑酸度较低，甜酸适口，而‘高橙’酸含量较高，酸味强烈。对其成因进行进一步研究表明，‘高橙’成熟时仍然表现为高酸并不是由于其积累有机酸的能力特别强，而是因为其有机酸降解机制发生了故障，不能像温州蜜柑一样在成熟过程中使有机酸含量逐渐降低。

2. 发育因素

糖酸主要在叶片中合成并运输到果实中，因此发育阶段成为调控糖酸积累的又一个十分重要的因素。对糖而言，果实留树时间越长，积累就越多；对于酸而言，留树并不产生明显的影响。因此，生产上提倡完熟采收以追求高品质。

以柑橘为例，浙江临海生产的‘涌泉蜜橘’，其果实中的可溶性固形物含量可高达 13%～15%，但这一蜜橘并非一个独特的品种，而只是一个大众化的品种——‘宫川’温州蜜柑。通过优质栽培与完熟采收，使得糖含量翻倍，这充分体现了发育和栽培调控的威力。

3. 环境和栽培调控

由于糖主要通过叶片的光合作用产生，所以能够影响光合作用的环境条件均可最终影响糖的积累。因此，在生产上需要通过调整株行距和进行修剪等措施来改善果园的光照条件。此外，虽然糖在叶片中产生，但叶片中产生的糖只有一部分会运输到果实，因而需要调节营养生长与生殖生长的平衡，减少用于营养生长的糖的供应，从而有助于果实中糖的积累。

4. 采后

采摘以后，果实不再从树体获取糖和有机酸，但果实中的糖酸含量仍会发生一定幅度的变化，并因具体果实种类而异。对猕猴桃和香蕉等在幼果中积累较多淀粉的果实而言，采摘之后由于淀粉转化为糖，果实含糖量在贮藏前期会趋于上升，但在贮藏后期趋于下降；对柑橘等在采收期果实中不再积累淀粉的果实而言，采摘之后糖含量趋于下降。而就有机酸而言，在果实贮藏期间通常趋于下降。这也是一些高酸柑橘品种通常需要在贮藏一段时间后再上市销售的原因。

二、苦涩等风味的形成及调控

我们常规提到的风味，主要就是指果蔬的甜味、酸味，但事实上园艺产品种类众多，风味各异。其他风味还包括苦味、辣味、涩味等，虽然这些味道听起来并不美好，也不普遍，但非常重要。如苦味，我们常喝的咖啡和茶、吃的柑橘等一些园艺产品含有典型的苦味特征，而且往往与健康相关。辣味，相对常见一些，许多园艺产品都有辛辣的风味，如辣椒、洋葱、生姜等。我国多个省市，如四川、湖南、湖北、江西、重庆等，以及浙江省内衢州等地多偏好辣味，所以辛辣味的园艺产品也需求众多，分布广泛。涩味，比较典型的是柿、葡萄、中草药等，其中，葡萄酒的涩味正是酒品质的重要指标之一。

2.8 视频：苦涩等风味的形成及调控

苦、涩、辣这些看起来不太美妙的味道，实际上却是风味的重要组成部分，能满足人们多种多样的需求。

（一）苦涩等风味的物质基础

1. 苦味的物质基础

苦味主要来自一些糖苷类物质，常见的苦味物质包括苦杏仁苷（amygdalin）、黑芥子苷（sinigrin）、茄碱苷（solanine glycoside）、柚皮苷（naringin）和新橙皮苷（neohesperidin）等。

苦杏仁苷为多数果仁所含有，特别是在核果类的果仁中含量较多，杏仁的部分苦味就是来自苦杏仁苷。黑芥子苷主要存在于十字花科蔬菜中，分布于植株的各个部位。茄碱苷主要存在于茄科植物中，是一种有毒的生物碱，这类物质在未经人工驯化的野生材料中含量较高。柚皮苷和新橙皮苷主要存在于柑橘类水果中，尤其是果皮中。

2. 涩味的物质基础

涩味是单宁类物质与我们的口腔黏膜蛋白相互作用，从而产生收敛性效果而带来的味感，因此涩味不是真正的味觉。常见有涩味的果蔬包括柿子、葡萄，以及某些水果未成熟的果实，如芒果、香蕉等。有关柿果实的研究表明，当单宁物质含量低于0.2%时，一般感觉不到果实的涩味；而高于这个阈值时，消费者大多可感受到涩味。不过，这一感受及阈值因人而异。

伴随着生长发育和成熟，大量园艺产品的可溶性单宁含量呈下降趋势，成熟的园艺产品多不具涩味。而成熟的涩柿果实中，可溶性单宁含量一般仍高于1%，因此我们吃这类果实的时候会感觉到非常涩。葡萄果实中的单宁主要存在于种子和果皮中，所以吃葡萄不吐葡萄皮或不吐籽，会感觉到一些涩味，但若只吃果肉则一般不会感觉到涩味。另外，由于葡萄酒的酿造原料包含了果皮，因此一般具有明显的涩味。此外，儿茶素、无色花青素以及一些羟基酚酸物质也具有涩味，但在成熟园艺产品中的含量一般较低，对涩味贡献不大。

在生产中，鲜食的涩柿等果实采后均需经过脱涩处理，再进行销售和食用。常用的脱涩方法有高浓度CO_2、乙醇、乙烯处理以及温水浸泡等。此外，将柿子和苹果、香蕉等一起密封，也可起到脱涩效果。这些脱涩处理的原理都是通过将可溶性单宁变为不溶性单宁从而产生脱涩效应，但不同处理的调控效应及机制各不相同。总体而言，高浓度CO_2处理是产业中应用最广泛、最有效的脱涩方法，主要是促使园艺产品通过无氧呼吸产生乙醛、乙醇，从而降低可溶性单宁含量。

3. 辣味的物质基础

辣味物质是可造成舌根部表皮感受到尖锐的刺痛和烧灼感的物质。常见的辛辣味园艺产品有辣椒、大蒜、洋葱等。

（二）苦涩等风味的影响因素

虽然苦涩味等风味与甜酸味形成的物质基础不同，但影响因素较类似。

1. 品种

不同的品种具有不同的基因型，导致遗传物质存在差异，因此各品种间风味物质的种类、组分和含量各不相同。

2. 风味物质比例

由于不同风味物质之间具有相互作用效应，如较高的糖酸可能会掩盖其他风味，因此我们感受到的果实风味并不能代表物质的绝对含量。

3. 栽培条件

不同的环境条件对园艺产品生长会产生不同的影响，会影响其物质代谢，因此在不同栽培条件下的同一品种的园艺产品风味也会存在较大差异。当然，也有一些风味是不易受栽培条件影响的，如涩柿的涩味：无论在产业中栽培管理精细化程度有多高，成熟的涩柿果实都是涩的，仍需要进行采后脱涩处理。

4. 其他条件

此外，成熟度、采后处理、贮藏条件等因素均会影响园艺产品的风味。

（三）苦涩等风味物质的调控措施

虽然苦涩味等其他风味多为次生代谢物质，而糖酸等多为初生代谢物质，但风味物质的总体调控措施类似。

首先，最重要的是注意合理的肥水措施。目前，在生产中多是重氮肥、轻磷钾肥，可增加产量，但会使得风味物质含量明显下降。因此，在生产中，需根据品种的特异性，给予合理的肥水。其次，改善光照条件。合理负载，避免过度密植，要进行适当的整形和修剪；同时，要疏花疏果以保持适当的叶果比，有助于园艺产品风味品质的提升。此外，注意适时采收。采收过早则风味物质积累不足，风味较差；过迟则会使已积累的物质消耗过多，进而导致风味下降。最后，要采用合理的贮藏方式，并选择合理的贮藏周期。采后贮藏保鲜的目标是维持果实品质，一般来说，贮藏时间越长，风味越差。

第四节　园艺产品的质地

通常来说，质地是指园艺产品的软硬程度。但园艺产品种类丰富，不同产品的质地各异。苹果、柿子等园艺产品的质地主要包括脆、绵等，枇杷、梨等果实的质地还包括木质化现象。总体而言，质地是决定园艺产品口感的主要因素之一。质地除了对园艺产品口感有贡献外，还决定着园艺产品的贮运性及货架期。相对而言，硬度较高的果实贮运性较好；硬度较低的果实不耐挤压，贮运性较差，容易造成损耗。

一、园艺产品质地的物质基础

质地主要与园艺产品细胞壁组成及变化相关，不同质地的形成及变化过程中细胞壁的物质变化各异。目前研究得比较透彻的主要是软化和木质化，而其他类型的果实质地仍以变化规律研究为主，相应的物质基础及调控机制的研究相对薄弱。

2.9　视频：园艺产品质地的物质基础及调控

软化发生在大多数果实的采后贮藏过程中，而只有少数果实存在木质化现象。木质化的物质基础主要是木质素积累，如枇杷、山竹等在采后贮藏过程中会出现木质化，梨果实石细胞次生壁会出现木质化，猕猴桃果实中柱在冷害条件下也易发生木质化。

生理生化及分子生物学研究表明，木质素代谢途径中的多种酶和基因（如*PAL*、4*CL*、*CAD*等），均与木质素的合成和积累有关。例如，在枇杷果实中，程序降温、热激、1-甲基环丙烯（1-methylcyclopropene，1-MCP）、水杨酸、茉莉酸甲酯等处理均可以减轻果实的木质化程度，而乙烯则可以加速果实木质化。在梨果实中，钙处理可以减轻果实木质化程度，其中在黄金梨中的效果尤为明显。

相较于木质化，果实软化是一个更复杂的过程，涉及一系列生理生化反应。其中，荔枝、龙眼果肉的软化被特异性地称为“自溶现象”。一般认为，细胞壁结构的改变和各成分物质降解是果实硬度下降的主要原因。果实细胞壁物质主要有纤维素、半纤维素、果胶和伸展蛋白，其中纤维素、半纤维素、果胶是3类主要的细胞壁物质，各占细胞壁物质总量的30%左右。各组分之间通过共价键、氢键、离子键、疏水交互作用等填充构成细胞壁（图2.4.1）。

果胶是细胞壁的重要组成成分，其主要成分有半乳糖、多聚半乳糖醛酸、鼠李糖和阿拉伯糖等。许多研究表明，随着果实成熟度的增加，原果胶含量即不溶性果胶含量减少，水溶性果胶含量增加（杨力，2009）；而在不软化的番茄突变体果实中，细胞壁果胶的含量不变。纤维素是以β-1，4-糖苷键连接的葡萄糖多聚物在细胞壁中形成的微纤丝。半纤维素主要由木聚糖和木葡聚糖组成，木葡聚糖能与纤维素微纤丝特异性结合，有稳定微纤丝的作用，从而限制细胞壁的松弛。

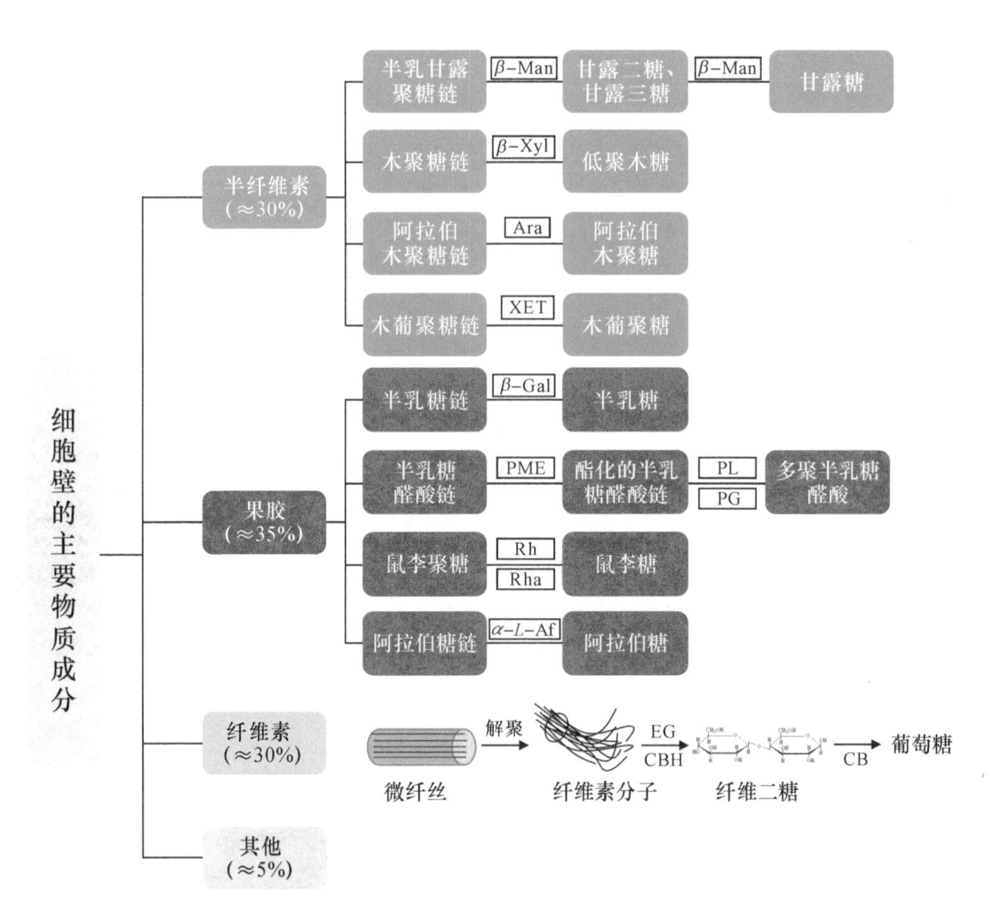

注：β-Man，β-甘露聚糖酶；β-Xyl，β-木糖苷酶；Ara，阿拉伯糖苷酶；XET，木葡聚糖内糖基转移酶；β-Gal，β-半乳糖苷酶；PME，果胶甲酯酶；PL，果胶裂解酶；PG，多聚半乳糖醛酸酶；Rh，鼠李聚糖半乳糖醛酸裂合酶；Rha，鼠李糖半乳糖醛酸酶；α-L-Af，α-L-阿拉伯呋喃糖苷酶；EG，内切纤维素酶；CBH，外切纤维素酶；CB，纤维二糖水解酶。

图2.4.1　细胞壁的主要物质成分

目前普遍认为，细胞壁代谢的多种酶参与了果实软化，包括多聚半乳糖醛酸酶（polygalacturonase，PG）、果胶甲酯酶（pectin methylesterase，PME）、β-半乳糖苷酶（β-galactosidase，β-Gal）、木葡聚糖内葡聚糖酰化酶/水解酶（xyloglucan endotransglucosylase/hydrolase，XTH）和纤维素酶（cellulase）等（杨力，2009）。这些酶有序协同工作，共同参与细胞壁松弛。另外，还有一类蛋白，被命名为伸展蛋白（extensin），该类蛋白是位于细胞壁上的松弛蛋白，不具有酶活性，可减少细胞壁张力，促进细胞壁伸展。

除细胞壁物质外，淀粉作为细胞内容物，对维持细胞膨压、支持果实硬度起着重要作用。淀粉降解起始于对完整淀粉粒的水解，在一系列酶的作用下最终降解为葡萄糖单体。在猕猴桃、香蕉等少量果实中，淀粉降解被认为是软化启动阶段的重要特征。

二、园艺产品质地调控的生物学基础

近年来，经园艺产业相关企业及科研机构的不懈努力，各种各样的技术和保鲜产品的使用显著延长了园艺产品的寿命，减少了采后损失，比如冷库低温贮藏、乙烯抑制剂处理、气调处理等。同时，也涌现出了一些新的处理方法或改进方法，如预冷、热处理、程序降温、间歇升温、自发气调保鲜包装等。

上述处理中的大部分都是通过调控乙烯含量，进而影响果实软化的。同时，通过研究转录因子，已明确了乙烯对软化的调控机制。新西兰皇家科学院的研究者在苹果中反义表达乙烯合成过程中的关键酶基因 *ACO*，此举可显著延缓果实软化进程。在番茄、甜瓜等果实中均有类似的研究报道。

除乙烯外，近年来的大量研究表明，果实质地是大量基因表达和调控的结果，除了编码软化过程中关键酶的基因外，转录因子在基因表达的调控过程中也起着非常重要的作用。它们与靶基因上游的各种特定DNA元件结合，激活或抑制靶基因的转录活性，进而调控其时空特异性表达。

随着组学技术的发展，科研人员相继从番茄、猕猴桃、草莓、葡萄、桃、香蕉和龙眼等呼吸跃变型和非跃变型果实中分离和鉴定出多种与成熟和衰老相关的转录因子，包括 EIL、AP2/ERF、MADS-box、NAC 和 Dof 等（范中奇等，2015）。同时，随着分子生物学体系的完善，相应转录因子的调控效应和机制也取得了较大进展。目前，比较明确的已参与果实质地调控的转录因子有 ERF9、Dof3（猕猴桃），LOB（番茄），ERF16、ERF19（柿果实），CBF（苹果）等。这些转录因子的发现完善了果实质地调控的分子机制；同时，这些转录因子的发现也对研发新的调控技术、优化已有的调控工艺有较大帮助。

总体而言，果实质地与可溶性糖、有机酸等共同影响着园艺产品的口感。同时，质地又是园艺产品贮藏保鲜中的关键影响因子，决定了园艺产品的贮藏周期及货架寿命，影响着采后的减损增效。

三、消费者对果蔬产品质地的预期

质地是果蔬产品的重要品质指标，与色泽、风味和营养价值共同决定了消费者对园艺产品的偏好及果蔬自身的价值。质地通常指某种物体的结构性质，反映在果蔬上时，主要体现为脆、绵、硬、软等特征。人们对质地的感知主要来自触觉，例如用手摘下挂在树上的果实和在超市用手挑选果实的时候，都能感受到一定的果实质地；而当人们食用水果时，则是对质地更直接的感受。例如，用来做蔬菜沙拉的生菜、胡萝卜、芹菜和萝卜等要脆嫩，而其他水果如苹果、西甜瓜等则要爽脆。有研究表明，消费者对质地微小差异的敏感性要高于对风味差异的敏感性。这是因为消费者通过对园艺产品质地的感知，不仅仅是为满足自身的口感需求，还借此来判断产品的新鲜度。一般而言，人们会认为质地维持较好的产品较新鲜，这进一步说明质地对果蔬贮藏保鲜的重要性。

四、贮藏保鲜条件对园艺产品质地的影响

果蔬产品采收后仍有活力，可进行呼吸、蒸腾等生理活动，并伴随着成熟、衰老等进程，这些均对果蔬质地产生影响，且通常都是不利的影响。例如：室温条件下放置的猕猴桃果实会失水、表面皱缩、果肉软化；低温贮藏的红肉枇杷果实容易发生木质化，表现为细胞壁木质素含量升高、果实硬度上升、果皮难剥、果心褐变、果肉变粗糙等，影响其食用品质。为了更好地维持园艺产品在采后贮藏阶段的质地，研究人员针对产品采后生理特性，对温度、湿度和气体等贮藏条件开展了一系列研究优化工作。

2.10　视频：园艺产品质地与果蔬贮藏保鲜

1. 贮藏过程中温度对质地的影响

随着贮藏温度的上升，果蔬产品的呼吸作用、蒸腾失水以及成熟衰老等均加快，且病害加重，贮藏期缩短。例如，猕猴桃果实在35℃高温下贮藏时，从第4天开始，果实硬度快速下降，同时可溶性固形物含量升高，失水严重。然而，温度过低同样会引起质地的劣变。例如，前面提到的低温冷害会加重枇杷果实木质化，从而导致果肉质地变硬，而猕猴桃和柿等果实在遭受冷害后果肉呈水渍状，变软（图2.4.2）。

根据温度对质地的影响特点，研究人员开发了多种不同的采后处理及贮藏方法，主要包括预冷、热激、程序降温等，用来更好地维持果蔬产品的质地，延长贮藏期。

预冷处理是指借助一定冷却手段和装备，将果蔬产品从初始温度迅速降至所需要的终点温度的过程。初始温度指果蔬采收时的温度，终点温度一般是指接近贮藏物流的温度。预冷处理对于高温季节采收的果实特别重要，例如，江浙一带的水蜜桃、枇杷、

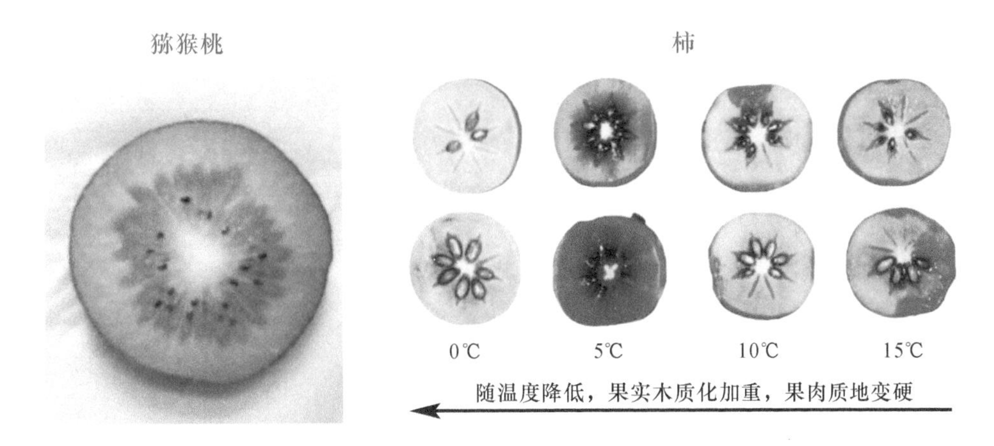

图2.4.2 猕猴桃（左）和柿（右）的冷害症状

杨梅，华南一带的荔枝、龙眼、芒果等。处理过程中需要注意控制温度变幅，且需控制合适的空气流动速度，保持产品与空气之间的温度平衡并防止失水，否则会对园艺产品造成伤害。

热激和程序降温处理是针对果实冷害研发的技术。有研究显示，热处理可有效减轻柿果实冷害症状，维持其良好的质地特征，类似效果在其他果蔬中均有报道。同样，如果处理不当，容易造成果蔬的失水、损伤，并降低其对病原物的抵抗力。程序降温也称为低温锻炼处理，在桃、枇杷等果实中，程序降温均可有效维持果实硬度，维持果实商品性。不同果实适宜的降温程序存在差异，操作时需要进行特异性分析。

2. 贮藏过程中湿度对质地的影响

贮藏环境的相对湿度越低，果蔬越易失水，从而引起质地变化；相反，贮藏环境相对湿度越高，果蔬中的水分越不容易蒸腾，但容易滋生病菌，也易导致果蔬质地劣变、采后损耗。因此，寻找最适相对湿度对果蔬质地维持及贮藏保鲜极其重要。大部分果蔬适宜的贮藏相对湿度为 85% ～ 95%，不同品种也可能存在差异。常见新鲜园艺产品的推荐贮藏条件如表 2.1 所示。

3. 贮藏过程中空气条件对质地的影响

新鲜果蔬采收贮藏阶段仍进行着正常的呼吸作用，表现为消耗氧气，释放二氧化碳和热量。适当降低贮藏环境中的氧气浓度并提高二氧化碳浓度，可以抑制果蔬产品的呼吸作用、减缓新陈代谢速度、推迟成熟衰老、减少营养成分和其他物质的降低和消耗。常见的氧气和二氧化碳调控，主要是指气调贮藏。

果蔬中气调贮藏运用较多的是猕猴桃。低温可以抑制猕猴桃果实软化，在单一低温条件下猕猴桃的贮藏周期为 3 ～ 4 个月；而气调贮藏结合低温可以显著抑制猕猴桃软化，可延长贮藏期至半年甚至更长。气调贮藏也应用于涩柿果实中，常采用高浓度二氧化碳处理进行脱涩，同时增加乙烯抑制剂 1-MCP浓度，达到脱涩保脆的效果。此外，

表2.1　常见新鲜园艺产品的推荐贮藏条件

种类	温度/℃	相对湿度/%
水果		
苹果	−1.0～4.0	90～95
杏	−0.5～0	90～95
鳄梨	4.4～13.0	85～90
香蕉（青）	13.0～14.0	90～95
草莓	0	90～95
酸樱桃	0	90～95
甜樱桃	−1.0～−0.5	90～95
无花果	−0.5～0	85～90
葡萄柚	10.0～15.5	85～90
葡萄	−1.0～−0.5	90～95
猕猴桃	−0.5～0	90～95
柠檬	11.0～15.5	85～90
枇杷	0	90
荔枝	1.5	90～95
芒果	13.0	85～90
油桃	−0.5～0	90～95
甜橙	3.0～9.0	85～90
桃	−0.5～0	90～95
梨：中国梨	0～3.0	90～95
西洋梨	−1.5～−0.5	90～95
柿	−1.0	90
菠萝	7.0～13.0	85～90
宽皮橘	4.0	90～95
蔬菜		
石刁柏	0～2.0	95～100
青花菜	0	95～100
大白菜	0	95～100
胡萝卜	0	98～100
花菜	0	95～98
芹菜	0	98～100
甜玉米	0	95～98
西瓜	10.0～15.0	90
蔬菜		
茄子	8.0～12.0	90～95
大蒜头	0	65～70
生姜	13.0	65
生菜（叶）	0	98～100
黄瓜	10.0～13.0	95
蘑菇	0	95
洋葱	0	65～70
青椒	7.0～13.0	90～95
马铃薯	3.5～4.5	90～95
萝卜	0	95～100
菠菜	0	95～100
番茄（绿熟）	10.0～12.0	85～95
番茄（硬熟）	3.0～8.0	80～90
鲜切花		
金合欢	4.0	
金盏花	4.0	
山茶	7.0	
菊花	−0.5～0	
康乃馨	−0.5～0	
栀子花	0～1.0	
唐菖蒲	2.0～5.0	
丁香花	4.0	
百合	0～1.0	
万寿菊	4.0	
水仙	0～0.5	
兰花	7.0～10.0	
芍药	0～1.0	
一品红	10.0～15.0	
报春花	4.0	
玫瑰	0.5～2.0	
郁金香	−0.5～0	

二氧化碳处理还可增加草莓果实硬度，减缓贮藏运输过程中的机械损伤，增加草莓的耐贮运性能（图 2.4.3）。这些例子表明，通过气体调控可影响果实硬度，改善果蔬的贮藏保鲜效果。

除了二氧化碳和 1-MCP 外，还有一些其他气体对果蔬质地的维持及防腐保鲜具有重要的调控效果，如一氧化氮等。

以上所有案例均表明贮藏保鲜对于质地的重要性，优化各种贮藏条件，维持果蔬产品良好质地，是采后研究及产业的重要发展方向。

图2.4.3　CO_2和1-MCP处理果实

第五节　园艺产品的营养功能

很多园艺产品具有预防慢性疾病和退行性疾病的发生等方面的作用，如调节血糖、预防肿瘤、预防心血管疾病以及控制肥胖等。园艺产品中含有大量的各种各样的生物活性成分，长期食用某些具有特殊功能的园艺产品，可以预防某些慢性疾病的发生，这正符合中共中央、国务院印发的《“健康中国 2030”规划纲要》中提到的要求，即通过预防慢性疾病的发生，实现国民健康长寿，国家繁荣富强。

一、园艺产品功能性成分的分类

（一）园艺产品功能性成分按结构分类

园艺产品功能性成分按照其结构分类，可分为糖及其苷类、苯丙素类、醌类化合物、黄酮类化合物、萜类和挥发油、甾体及其苷类、生物碱这 7 类。

2.11 视频：园艺产品功能性成分的种类

1. 糖及其苷类

糖类亦称碳水化合物，是多羟基醛或多羟基酮及其缩聚物和某些衍生物的总称（图 2.5.1）（尹大芳等，2020）。糖类不仅是生命活动的重要能量来源，而且有着独特的生物活性和功能，在园艺产品中广泛分布。苷类亦称配糖体，是由糖或糖的衍生物通过糖的半缩醛或半缩酮羟基与苷元脱水形成的一类化合物。

单糖（葡萄糖）　　二糖（蔗糖）

多糖（直链淀粉）

图2.5.1　糖类的结构

作为能量贮藏的糖类化合物主要为低聚糖或多糖。

低聚糖在功能性食品中占有相当重要的地位，其主要功能在于调节肠道菌群以促进双歧杆菌的增殖。根据是否溶于水，多糖大致可分为可溶性多糖和不可溶性多糖。不可溶性多糖通常是构成细胞壁的结构原料，除纤维素外，还有不同的半纤维素，半纤维素主要分为 3 类：木聚糖、木葡聚糖以及阿拉伯半乳聚糖。那些不可为人体所消化的植物多糖都可被称为“膳食纤维”。近年来，多糖表现出的一些生理活性，包括降胆固醇、抗癌或预防肿瘤、抗凝血以及免疫调节等，引起了人们的兴趣与关注。

2. 苯丙素类

天然成分中有一类苯环与 3 个直链碳连在一起为单元（C_6–C_3）构成的化合物，统称为苯丙素类。这类成分有的单独存在，有的以 2、3、4 个至多个单元聚合存在。通常将苯丙素分为苯丙酸类（简单苯丙素类）、香豆素类和木脂素类这 3 类成分。苯丙素类的生物合成途径如图 2.5.2 所示。

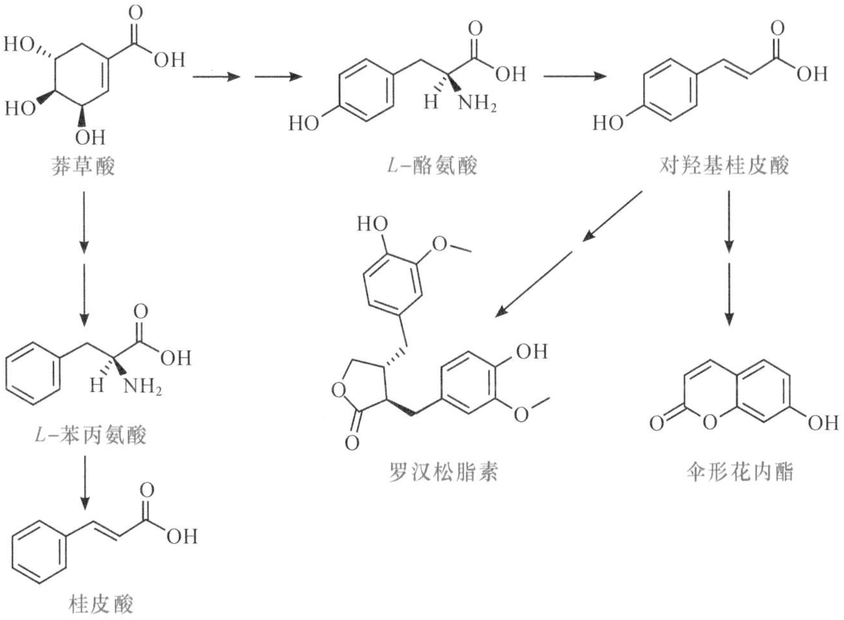

莽草酸
L-酪氨酸
对羟基桂皮酸
L-苯丙氨酸
桂皮酸
罗汉松脂素
伞形花内酯

图2.5.2　苯丙素类化合物的生物合成途径

3. 醌类化合物

醌类化合物是指分子内具有不饱和环二酮结构或容易转变成这样结构的天然有机化合物，主要分为苯醌、萘醌、菲醌、蒽醌 4 种类型（图 2.5.3）。大多数醌类化合物有重要的生物活性，如具有凝血作用的维生素 K 和有泻下作用的番泻苷等。

对苯醌
1,4-萘醌
邻菲醌
蒽醌

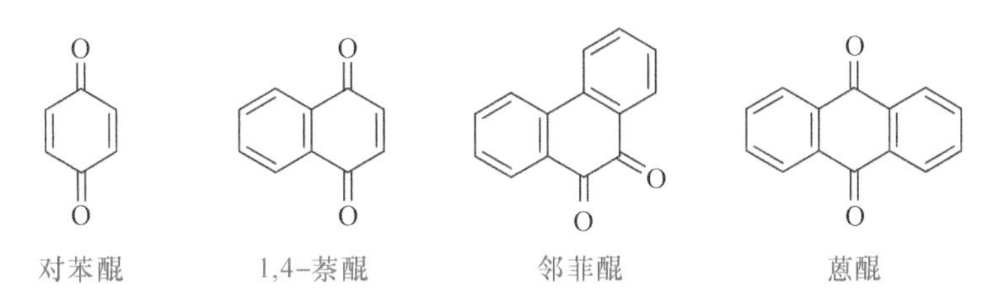

图2.5.3　醌类化合物

4. 黄酮类化合物

黄酮类化合物是指 2 个具有酚羟基的苯环（A环与B环）通过中间三碳原子相互连接而成的一系列化合物，常连接有酚羟基、甲氧基、甲基、异戊烯基等官能团，也常与糖结合成苷（周俊等，2010）。根据中间三碳链的氧化程度、B环连接位置以及三碳链是否成环等特点，可对黄酮类化合物进行分类，主要包括黄酮、黄烷酮、黄酮醇、异黄酮、花青素和黄烷醇（图 2.5.4）。常见的果蔬如洋葱、柑橘及葡萄等，都含有大量的黄酮类化合物。

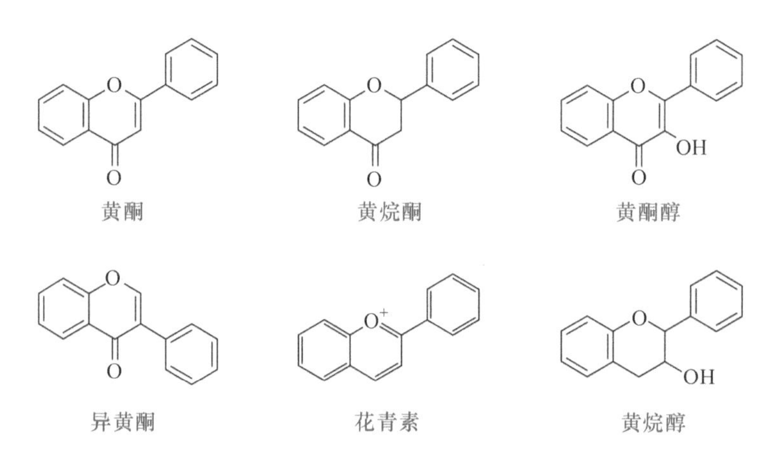

图2.5.4　黄酮类化合物的结构

黄酮及黄酮醇类广泛分布于各种植物中，对人体健康十分重要。黄酮及黄酮醇类化合物含较多的酚羟基团，具有很强的自由基清除能力，这对于开发以抗氧化功能或延缓衰老为主的功能性食品或保健食品非常重要。

除了优越的抗氧化功能之外，黄酮及黄酮醇类化合物还具有抗微生物或酶活性、抗发炎、肝解毒效果以及部分雌激素效果，具有优秀的潜在应用前景。例如，黄酮类物质芦丁是一种治疗毛细血管脆性及静脉曲张的药物。

5. 萜类和挥发油

萜类化合物是分子骨架以异戊二烯单元为基本结构单元的化合物。根据分子中包含异戊二烯单位的数目，可将萜类分为单萜、倍半萜、二萜等。其中，单萜和倍半萜是植物中挥发油的主要成分，二萜是形成树脂的主要物质，三萜是形成植物皂苷、树脂的重要物质，四萜主要是植物中广泛分布的一些脂溶性色素。类胡萝卜素是一种四萜类物质，也是一种分布非常广泛的脂溶性色素（杜建，2019），常见的胡萝卜中含有的 β-胡萝卜素通过分子的水化及裂解，可提供维生素 A 给机体。番茄中含有的番茄红素不仅具有抗癌、抑癌的功效，而且对预防心血管疾病、动脉硬化等各种疾病，增强人体免疫系统以及延缓衰老等都具有重要意义，是一种很有发展前途的新型功能性天然色素。

挥发油，即日常生活中常说的精油，具有祛痰、止咳、平喘、祛风、健胃、解热、镇痛、抗菌、消炎等作用（张彦丽等，2010）。例如，香柠檬油对淋球菌、葡萄球菌、大肠埃希菌和白喉杆菌有抑制作用；丁香油有局部麻醉、止痛作用；薄荷油有清凉、祛风、消炎作用；茉莉花油具有兴奋作用等。

6. 甾体及其苷类

甾体类化合物的结构中都具有环戊烷骈多氢菲的甾核，是广泛存在于自然界中的一类天然化学成分，包括植物甾醇、胆汁酸、C_{21} 甾类、昆虫变态激素、强心苷、甾体皂苷、甾体生物碱、蟾毒配基等。

植物甾醇降低胆固醇的效果已经引起了人们的广泛关注，在预防心血管疾病方面具有广阔前景。此外，植物甾醇还具有预防动脉粥样硬化、抗癌或抑制肿瘤及抗菌等生理功能和健康效果。

7. 生物碱

生物碱是存在于生物体内的一类含氮的碱性有机化合物，有类似碱的性质；大多数有复杂的环状结构，氮素多包含在环内，有显著的生物活性（图 2.5.5）。例如，秋水仙碱具有抗癌作用；辣椒碱具有抗风湿作用；香菇嘌呤具有降血脂和降胆固醇作用；咖啡因具有兴奋中枢神经作用；茶碱具有强心利尿的作用；猕猴桃碱具有降血压作用。

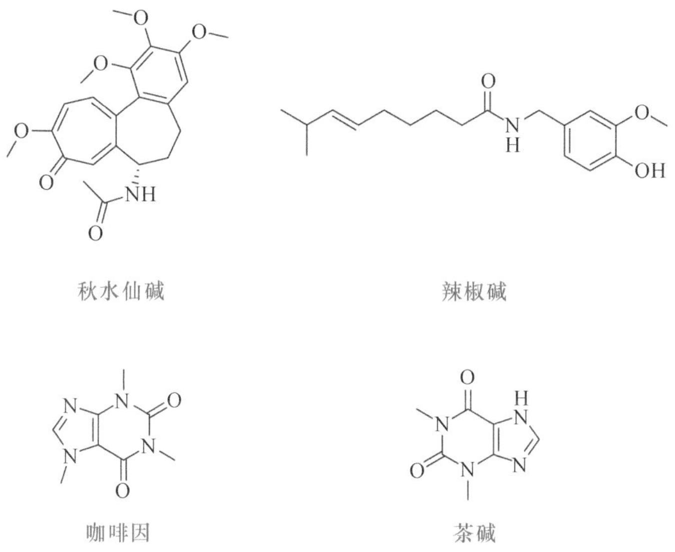

秋水仙碱　　辣椒碱　　香菇嘌呤

咖啡因　　茶碱　　猕猴桃碱

图2.5.5 生物碱的结构

（二）园艺产品功能性成分按代谢途径分类

1. 乙酸–丙二酸（acetate–malonate，AA–MA）途径

饱和、不饱和脂肪酸以及多聚酮类化合物均由 AA–MA 途径合成而来。其中多聚酮类多是通过 Diels–Alder 反应形成，而由多聚酮合成芳香族化合物时，涉及羟醛缩合、克莱森（Claisen）缩合、羟基化反应、酚氧化偶联反应、芳环的氧化开环等多个反应过程。

2. 甲羟戊酸（MVA）途径和脱氧木酮糖磷酸酯（1–deoxy–*D*–xylulose 5–phosphate，DXP）途径

甲羟戊酸（MVA）途径和脱氧木酮糖磷酸酯（DXP）途径是萜和甾类化合物的生物合成途径。萜类化合物是由异戊二烯单位头–尾或尾–尾相接生成的天然产物，按其聚合的异戊二烯单位数目可分为半萜、单萜、倍半萜、二萜、二倍半萜、三萜（2 个倍半萜尾–尾相接而成）、四萜和多聚萜。萜类生物合成的主要机制是正碳离子机制和 Wagner–Meerwein重排，而甾类化合物是经结构修饰的三萜类化合物。

3. 莽草酸途径

芳香氨基酸类、苯甲酸类（C_6–C_1）和苯乙烯酸类（C_6–C_2）化合物由莽草酸途径合成，并且通过此途径进一步修饰可以合成得到木脂素类、苯丙素类和香豆素等 C_6–C_3 单位的化合物。此外，莽草酸和乙酸途径两者结合可得到苯乙烯吡喃酮类、黄酮类化合物类、1，2–二苯乙烯类、黄酮醇类和异黄酮类化合物；莽草酸和萜类经复合途径则生成萜醌类化合物。总之，莽草酸途径提供了一条合成芳香类化合物的重要途径，尤其是芳香氨基酸类化合物。

4. 氨基酸途径

天然产物中的生物碱类成分均由氨基酸途径生成。有些氨基酸脱羧成为胺类，再经过一系列化学反应（甲基化、氧化、还原、重排等）后转变成为生物碱。在生物碱生物合成过程中，涉及曼尼希反应、酚类氧化偶联反应等一些重要的化学反应。不过，并非所有的氨基酸都能转变为生物碱，大多数的生物碱来源于氨基酸，但有些生物碱则以萜类和甾类化合物为基本骨架。

5. 复合途径

结构稍微复杂的天然化合物其各个部位可能不来自同一生物合成途径，如大麻二酚酸、刺甘草查耳酮（图 2.5.6）、黄酮类化合物（图 2.5.4）等。

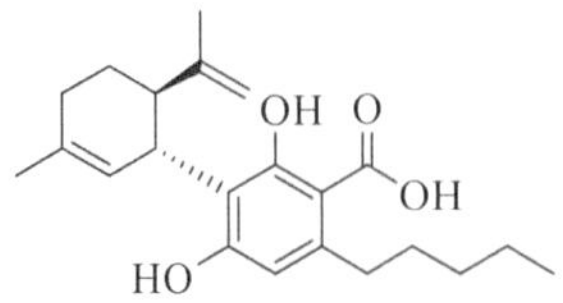

大麻二酚酸 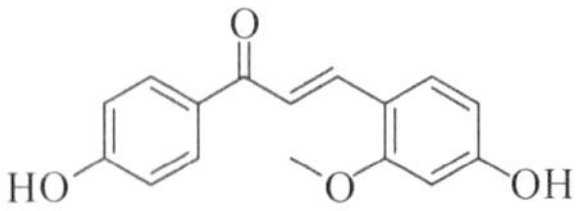　　刺甘草查耳酮

图2.5.6　结构稍微复杂的大麻二酚酸和刺甘草查耳酮

二、园艺产品功能性成分的形成及其调控

（一）植物初生代谢与次生代谢的关系

植物的代谢一般分为初生代谢和次生代谢。

2.12　视频：园艺产品功能性成分的形成及其调控

初生代谢与植物的生长发育和繁衍直接相关，为植物的生存、生长、发育、繁殖提供能源和中间产物。绿色植物及藻类通过光合作用将二氧化碳和水合成糖类，进一步通过不同的途径，产生腺苷三磷酸（ATP）、还原型辅酶 I（nicotinamide adenine dinucleotide，NADH）、丙酮酸、磷酸烯醇式丙酮酸、赤藓糖-4-磷酸、核糖等维持植物机体生命活动不可缺少的物质。磷酸烯醇式丙酮酸与赤藓糖-4-磷酸可进一步合成莽草酸；而丙酮酸经过氢化、脱羧后生成乙酰辅酶 A，再进入柠檬酸循环中，生成一系列的有机酸及丙二酸单酰辅酶 A 等，并通过固氮反应得到一系列的氨基酸（合成含氮化合物的底物），这些过程为初生代谢过程。在特定的条件下，一些重要的初生代谢产物，如乙酰辅酶 A、丙二酰辅酶 A、莽草酸及一些氨基酸等作为原料或前体，又进一步参与不同的次生代谢过程，产生酚类化合物（如黄酮类化合物）、异戊二烯类化合物（如萜类化合物）和含氮化合物（如生物碱）等（图 2.5.7）。

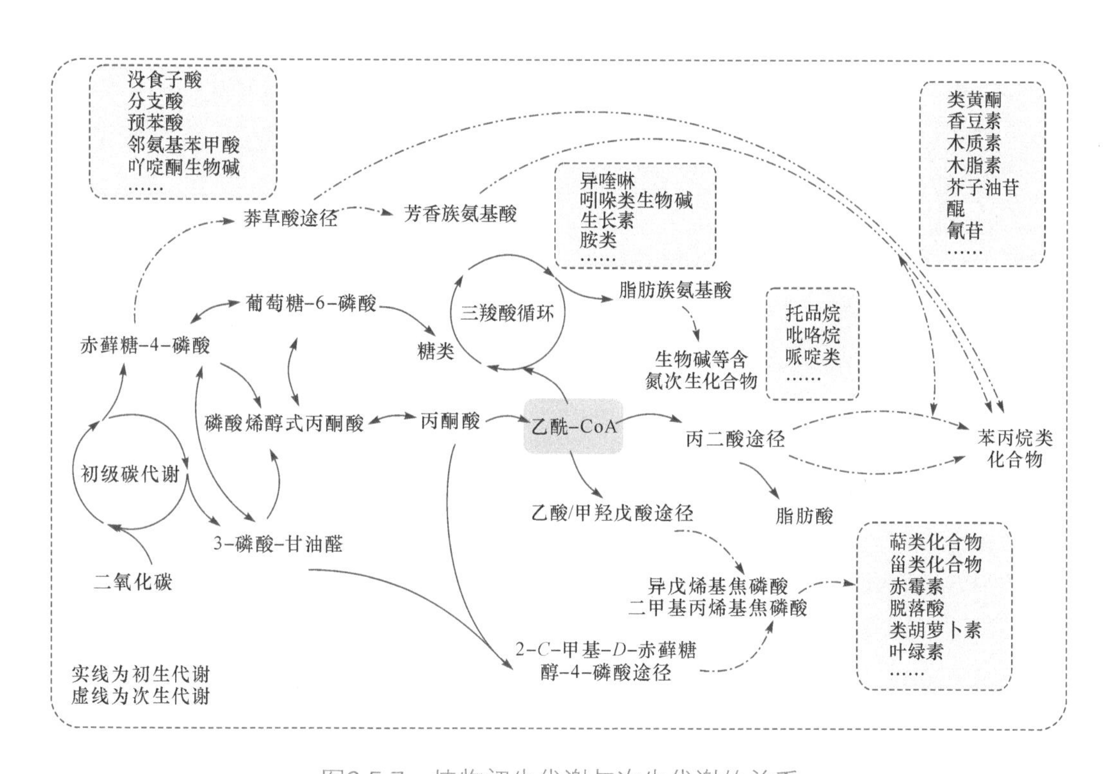

图2.5.7　植物初生代谢与次生代谢的关系

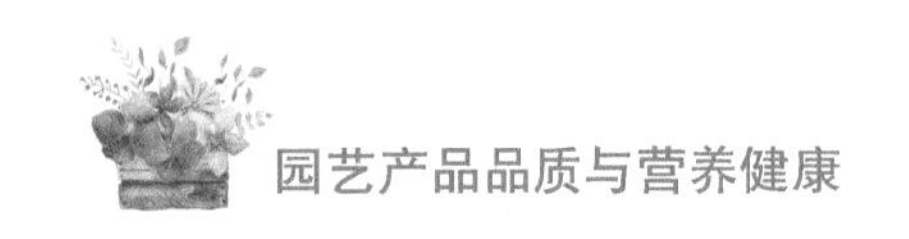

植物初生代谢通过光合作用、三羧酸循环（tricarboxylic acid cycle，TCA cycle）等途径，为次生代谢提供能量和一些小分子化合物原料；反过来，次生代谢也会对初生代谢产生影响。初生代谢与次生代谢也有区别，前者在植物整个生命过程中都在发生，而后者往往只发生在生命过程中的某一阶段。

植物次生代谢产物的种类繁多，化学结构多种多样，但从生物合成途径来看，次生代谢是从几个主要分支点与初生代谢相连接，初生代谢的一些关键产物是次生代谢的起始物。如乙酰辅酶A是初生代谢的一个重要“代谢枢纽”，在三羧酸循环、脂肪代谢和能量代谢中占有重要地位，它也是次生代谢产物黄酮类化合物、萜类化合物和生物碱等的起始物。很显然，乙酰辅酶A会在一定程度上相互独立地调节次生代谢和初生代谢，同时又将糖代谢和三羧酸循环途径结合起来（李浩男，2015）。

（二）次生代谢产物合成途径

从生源发生的角度看，次生代谢产物可大致归为异戊二烯类、芳香族化合物、生物碱和其他化合物几大类。

1. 异戊二烯类化合物的合成途径

异戊二烯类化合物的合成途径主要有2条。第1条途径是从三羧酸循环和脂肪酸代谢的重要产物乙酰辅酶A出发，经甲羟戊酸途径产生异戊二烯类化合物合成的重要底物异戊烯基焦磷酸（isopentenyl pyrophosphate，IPP）和其异构体二甲基丙烯基焦磷酸（dimethylallyl pyrophosphate，DMAPP）。第2条途径是由戊糖磷酸途径产生的甘油醛-3-磷酸经过3-磷酸甘油醛/去氧木酮糖磷酸还原途径（NN酸途径）产生IPP和DMAPP，然后由IPP和DMAPP生成各类产物，包括萜类化合物、甾类化合物以及赤霉素、脱落酸、类固醇、胡萝卜素、鲨烯、叶绿素等。

2. 芳香族化合物的合成途径

芳香族化合物是由戊糖磷酸循环途径生成的赤藓糖-4-磷酸与糖酵解产生的磷酸烯醇式丙酮酸缩合而形成7-磷酸庚酮糖，经过一系列转化进入莽草酸和分支酸途径合成酪氨酸、苯丙氨酸、色氨酸等，最后生成芳香族代谢物，如黄酮类化合物、香豆酸、肉桂酸、松柏醇、木脂素、木质素、芥子油苷等（袁遥，2010）。

3. 生物碱类化合物的合成途径

生物碱类化合物的合成途径主要有2条。第1条是由三羧酸循环途径合成氨基酸后再转化成托品烷、吡咯烷和哌啶类生物碱。第2条途径是由莽草酸途径经由分支酸产生的预苯酸和邻氨基苯甲酸，再产生酪氨酸、苯丙氨酸和色氨酸，最后产生异喹啉类和吲哚类生物碱。一些含氮的β-内酰胺类抗生素、杆菌肽和毒素等也是通过氨基酸合成的。

4. 其他化合物的合成途径

其他类化合物主要是由糖和糖的衍生物衍生而来的代谢物，通过磷酸己糖衍生的有糖苷、寡糖和多糖等。

（三）园艺产品进行次生代谢的生物学意义

1. 抵御不良外界环境

园艺产品在生长过程中通过次生代谢抵御不良的物理生长环境，如生长环境中不利的温度、水分、光照、大气、盐分、养分等因素。

2. 与化学防御作用有关

植物在防御其天敌（如昆虫和动物）的侵食过程中，次生代谢物质作为阻食剂发挥着重要作用。一方面通过特有的气体和物质的苦味等发挥驱赶作用；另一方面由于次生代谢物质本身的毒性，通过降低植物适口性影响其营养，以及通过影响昆虫和动物体内的激素平衡等发挥防御作用。

3. 对致病微生物的防御作用

次生代谢物质如异黄酮类、萜类、生物碱类等均具有一定的防御致病微生物的作用，通常也作为天然的植物保护激素。

4. 化感作用

化感作用主要是指一种活体植物通过地上部分茎叶挥发、茎叶淋溶、根系分泌等途径，向环境中释放一些化学物质，从而影响周围植物（也就是受体植物）的生长发育，这种作用包括促进和抑制两方面。化感作用在植物保护、生物防治等方面应用前景广阔。

5. 与园艺植物形态分化的关系

植物次生代谢的基本特征：一是次生代谢在植物体内不是普遍存在的，二是次生代谢被限制在一些特定的细胞、组织或器官中，合成或储存这些次生代谢产物的细胞在内部结构上必须达到一定的分化程度。可见，次生代谢途径的表达也正是某些特化细胞的特征性表达。

6. 次生代谢与信号传导

介导信号传递的分子主要是次生代谢物质，如园艺产品中的水杨酸，是一类在植物中普遍存在的酚类化合物，也是当前研究得比较多的信号分子。

7. 次生代谢与植物自身进化

次生代谢对植物自身进化有一定作用，即在不适宜的环境条件下，植物可以通过次生代谢物质的合成度过当前不适宜的环境，增加存活和繁衍的机会；相对而言，那些不合成这些次生代谢物质的植物就有被淘汰的危险。

（四）功能成分在园艺产品中的储存位点与部位

目前的研究观点普遍认为，植物细胞有 2 种不同的方式储存次生代谢物质，即质体中和质体外储存，因此次生代谢物的积聚和储存位点有关。液泡和叶绿体是许多亲水性次生代谢物的重要储存位点，一些次生代谢物质（如苯丙烷和黄酮类化合物）就储存在叶绿体中，而一些脂溶性次生代谢物则积聚在细胞膜内。

园艺产品次生代谢产物的分布也因组织部位的不同而具有较大的差异。例如，柑橘果实中的黄酮类化合物和柠檬苦素类化合物在果皮和种子中的含量均普遍高于果肉中的。

第六节　园艺产品果实的形成

在本章前几小节中提到，园艺产品的某些品质指标可具体关联到某些特定的物质代谢，如色泽涉及色素代谢，香味与香气物质有关，风味则包括糖、有机酸、苦味、涩味物质等，质地变化与细胞壁物质的合成与降解相关，营养功能则由一系列生物活性物质体现。除了这些基于具体物质代谢的品质指标，实际上还有一些重要的品质指标并不能简单地关联到某种或某类物质，如果实的大小和形状以及无籽性，它们也丰富了园艺产品的多样性。果实无籽是消费者十分看重的一个品质性状，也是果树育种的一个重要目标。例如：野生香蕉果肉少且有坚硬的种子，而现在市场上食用的香蕉则是无籽的，这两种香蕉会带给人不同的食用感受。当然，只要种子足够小，如草莓、猕猴桃、火龙果等，其种子的存在与否对食用感受没有明显影响，很多人吃蓝莓时甚至都觉察不到蓝莓中有种子；但对于柑橘、西瓜等大多数园艺产品，种子的有无、多少和大小会直接影响食用感受。下面将从园艺产品器官的大小、形状，果实有或无籽这 3 个重要的品质指标来介绍园艺产品果实的形成。

一、园艺产品器官的大小和形状在种类（品种）间的差异

园艺产品器官的大小和形状是园艺产品重要的外观品质性状，同一类园艺产品的不同品种在大小和外观方面可存在较大的差异。

二、园艺产品果实等器官的大小差异成因

（一）遗传因素

遗传因素在园艺产品果实等器官的形成中起决定性作用。

1. 主效基因

关于园艺产品器官大小的遗传基础，在番茄果实上有相对较充分的研究。影响番茄果实大小的主效基因有 4 个：第 1 个基因是 *fw* 2.2，它对果实细胞的数目起着负调控作用；第 2 个基因是 *fw* 3.2，与 *fw* 2.2 不同，它对果实细胞的数目起着正调控作用；第 3 个基因是 *FAS*，它对果实的心室数目起着负调控作用；第 4 个基因是 *WUS*，也调控心室数目，但起着正调控作用。

由此可见，果实大小是由多个主效基因共同控制的数量性状，对其中一个或多个基因进行调控均可以影响果实大小。运用基因编辑技术，科学家成功地获得了敲除了*FAS*基因的2个株系，均发现其果实心室数增多、果实变大。

2. 多倍化

多倍化是使有些园艺植物器官变大的另一个重要的遗传因素，并且是栽培品种有别于野生品种的重要特征。最典型的例子是草莓，目前人们食用的草莓都是八倍体，果个较大，个别甚至有鸡蛋大小；而对应的野生型森林草莓是二倍体，果个较小，只有蓝莓大小。此外，栽培马铃薯都是四倍体，葡萄和猕猴桃中的一些品种也是四倍体。科学家们运用秋水仙素在多种园艺植物上成功诱导了多倍体，有的成了生产上的品种，有的则成了育种材料。

（二）细胞发育

1. 细胞的数目和大小

从细胞生物学角度看，器官大小取决于细胞数目和细胞大小，前者与细胞分裂有关，后者则与细胞膨大有关。

2. 细胞分裂与膨大

细胞分裂主要受生长素和细胞分裂素促进，而细胞膨大则主要受赤霉素促进，因而生产上常应用一些生长调节物质促进植物器官的膨大。

3. 植物激素调控

植物激素在调控细胞分裂和膨大中起着重要作用，是调控园艺产品器官大小的重要物质。例如，当前广受消费者欢迎的‘夏黑’葡萄就是经过膨大剂赤霉素处理的。这是由于‘夏黑’是三倍体，果实中没有种子以提供刺激生长的生长素，若在果实膨大期不进行赤霉素处理，果实将小得多，不具商品价值。当然，应当反对过度使用生长调节物质，例如在猕猴桃上过度使用一种名为CPPU的细胞分裂素类膨大剂，尽管可以获得大果，但果实品质和贮运性会大大下降。

使用植物激素调控根和茎等植物其他器官的发育也是非常普遍的，如甘薯的食用部位通常为膨大根，但一些野生甘薯的根却没有明显膨大，这是因为甘薯在演化过程中获得了额外合成生长素的能力，从而刺激了根的膨大。有意思的是，栽培甘薯额外合成生长素的能力是由一种农杆菌赋予的。一百万年前，该农杆菌的一部分DNA被成功整合入甘薯中，而这部分DNA中包含了生长素合成相关的基因，正是该偶然的天然转基因事件为人类创造了一种十分重要的食物。园艺作物茭白的食用部位为膨大茎，茭白茎的膨大是由于受到生长素的刺激，其生长素的来源是感染茭白的一种黑粉菌。在一些情况下，一些茭白植株成功抵抗了黑粉菌的感染，导致茎不能膨大，被称为“雄茭”。

（三）栽培措施

除了遗传因素和植物激素，栽培措施——尤其是水分和肥料供应、叶果比等也会影响园艺产品器官的大小。如水分和氮肥供应过足易使柑橘产生粗皮大果，虽然果实变大，但风味等其他品质往往会变差。不及时疏花疏果，挂果过多就容易导致果实变小。因此，为了兼顾园艺产品的器官大小和其他品质，需要采取适宜的栽培措施。

三、园艺产品果实等器官的形状差异成因

（一）遗传因素调控

除了大小，丰富多样的形状也可使园艺产品的多样性有所增色，因而也属果实品质的范畴。与器官大小指标相比，人们较少关注园艺产品器官的形状，而不同形状形成的遗传机制也正逐渐被揭开。如在番茄上，已经鉴别出 *SUN* 和 *ovate* 这 2 个调控果实形状的基因。

2.13 视频：园艺产品器官大小形状及其调控

（二）植物激素调控

从发育生物学的角度看，植物激素在果实形状调控中发挥着重要作用。种子是果实中植物激素合成的重要部位，因此种子的有无和多少不但会影响果实大小，还会调节果实形状。这在草莓上表现得尤为明显，草莓果形不正往往由于授粉受精不良，以致花托上种子分布不均。

四、果实无籽的成因

（一）三倍体

三倍体是导致果实无籽的主要途径。如无籽西瓜就是三倍体，它由经过染色体加倍的四倍体西瓜与普通的二倍体西瓜杂交而来；人们现在食用的香蕉也是通过此方式得到的三倍体；前一小节中提到的一种需要膨大剂处理才能获得商品性状的无籽葡萄‘夏黑’也是三倍体。另外，在枇杷和梨等果树上也有获得三倍体无籽果实的报道。

2.14 视频：果实无籽及其调控

（二）二倍体单性结实

并非所有无籽果实都是三倍体，许多二倍体植物的果实也是无籽的，如柑橘类中的温州蜜柑和甜橙等。这种不经受精、不形成种子但能发育成果实的现象被称为单性结实，上述的香蕉和三倍体西瓜也属于单性结实。

1. 单性结实不能形成种子的原因

单性结实不能形成种子的原因：花粉败育，胚囊败育，花粉和胚囊同时败育导致受精失败，自交不亲和。

温州蜜柑无籽是由于花粉和胚囊同时败育，特别花粉是完全不育的，但胚囊仍有

很低的育性。这就意味着如果有其他柑橘的有活力的花粉进行充分授粉时，尽管可能性很低，但理论上也有可能形成种子。人们在吃温州蜜柑时偶尔会吃出种子，也正是这个原因。因此，如果温州蜜柑成片种植，周围没有能产生有活力花粉的其他柑橘存在，就不会形成种子，反之则有可能。在浙江省衢州产区，温州蜜柑与‘椪柑’混合种植，温州蜜柑果实中会偶有种子；但在浙江省临海产区，温州蜜柑成片种植，则基本上不会出现果实中有种子的情况。类似的情况在无籽‘砂糖橘’上也存在，无籽‘砂糖橘’是普通有籽‘砂糖橘’的突变品种，但如果与普通有籽‘砂糖橘’或其他柑橘混栽，偶尔也会有种子。

花粉败育和胚囊败育的深层次原因复杂多样，其中三倍体是重要的原因之一。因而，在生产上可以用四倍体柚的花粉对普通有籽柚进行授粉，从而获得无籽柚果实。

还有些果树（如菠萝）的花粉和胚囊都有活力，但它所结的果实仍然无籽，这是因为自交不亲和。自交不亲和是指同一个品种的花粉不能与胚囊受精形成种子的现象。实际上，在多个品种菠萝混栽的育种基地里，可以见到品种间杂交结出的有种子的菠萝。另外，有些柚子无籽也是由于自交不亲和。

2. 单性结实没有种子仍能形成果实的原因

单性结实没有种子仍能形成果实的原因：子房（或花托）内的激素平衡；天然地或经过刺激后维持在有利于坐果和果实发育的状态。

那些不经授粉或其他刺激就能实现正常果实发育的称为天然单性结实，如温州蜜柑、甜橙、香蕉、无籽西瓜、菠萝等；另有一些园艺植物需要授粉刺激或类似授粉刺激、低温等环境因子或植物生长调节物质化学诱导刺激才能实现单性结实，这被称为刺激性单性结实。如番茄等茄科植物在环境条件不良时，不能正常授粉受精形成种子，果实会脱落；但如果对开放的花进行生长素类物质处理，则果实可以正常发育，不过不能形成种子，于是就形成了无籽果（图 2.6.1）。还有少数果树，如‘麻豆文旦’等一些柚品种，既具有正常授粉受精的能力，又具有单性结实的能力，当环境条件有利于授粉受精时结受精的有籽果，否则，结单性结实的无籽果，这类单性结实被称为兼性单性结实。

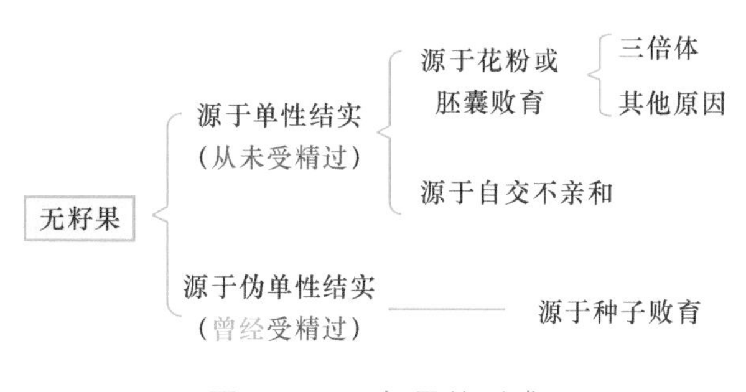

图2.6.1　无籽果的形成

单性结实的果实没有种子，但并非所有无籽果均是由于单性结实。一些经过授粉受精的幼果，在发育过程中胚和胚乳发生败育，也可形成无籽果，这类结果现象被称为伪单性结实（图 2.6.1）。值得说明的是，伪单性结实不是单性结实。伪单性结实在生产上也有广泛应用，我们可以采用一些生长调节物质干扰正常的授粉受精并诱导果实伪单性结实，从而获得无籽果。应用赤霉素诱导无籽葡萄就是一个较为成功的典型例子。有时种子并非完全败育，而是种子瘪小，但并非表现为无籽，如荔枝中的焦核品种等。

五、无籽品种延续后代的方式

无籽品种如何延续后代要视不同情况而定。就香蕉、无籽西瓜等三倍体品种而言，均可以通过相应亲本的杂交育种，每年生产三倍体种子进行繁殖。而对其他非三倍体类型的无籽品种而言，可通过嫁接、扦插、分株以及组织培养等途径进行无性繁殖。但在产业中，许多品种为保持优质性状的稳定性，仍采取无性繁殖进行育苗，如香蕉。

总而言之，大小和形状是园艺产品重要的外观品质性状，同一类园艺产品的不同品种在大小和外观方面可存在较大的差异。导致器官大小和形状差异的部分重要基因已被鉴别，遗传机制也正在被揭示。植物激素在调节园艺产品器官大小和形状方面发挥着重要作用，并已形成了相应的产业调控措施。果实无籽是园艺产品另一重要的品质指标，主要由三倍体、花粉和胚囊败育、自交不亲和、授粉受精不良等导致。果实无籽可经单性结实或种子败育（伪单性结实）产生，而无籽品种则可通过三倍体制种或无性繁殖方式延续后代。

章测试题二

（一）单项选择题

1. 最常见的花色素是（　　）。

A. 飞燕草素　　B. 天竺葵素　　C. 矢车菊素　　D. 芍药素

2. 叶绿素和类胡萝卜素都在（　　）中合成。

A. 内质网　　B. 质体　　C. 高尔基体　　D. 核糖体

3. 园艺产品中的二糖主要是指（　　）。

A. 山梨糖醇　　B. 葡萄糖　　C. 蔗糖　　D. 果糖

4. 涩味物质主要来自（　　）类物质。

A. 糖苷　　B. 生物碱　　C. 氯化钠　　D. 单宁

5. 花粉败育和胚囊败育重要的原因是（　　）。

A. 果实无籽　　B. 三倍体　　C. 六倍体　　D. 八倍体

6. 黄酮是指（　　）个具有酚羟基的苯环通过中央三碳原子相互连接而成的一系列化合物。

A. 1　　B. 2　　C. 3　　D. 4

7. 香气物质属于（　　）代谢产物。

A. 初生　　B. 次生　　C. 糖酵解　　D. 苯丙烷

8. 未成熟果实的“青香型”香气来自（　　）。

A. 萜类物质　　B. 内酯类物质　　C. 含硫化合物　　D. 醛类物质

9. 果实等器官的大小差异是（　　）起了决定性的作用。

A. 遗传　　B. 光照　　C. 温度　　D. 水分

（二）多项选择题

1.（　　）等植物属于天然单性结实。

A. 温州蜜柑　　B. 无籽西瓜　　C. 香蕉　　D. 番茄

2. 植物次生代谢的作用有（　　）等。

A. 化感作用　　B. 防御作用　　C. 信号传递　　D. 植物进化

3. 类胡萝卜素包括以下哪几类？（　　）

A. 胡萝卜素　　B. 叶黄素　　C. 叶绿素 a　　D. 叶绿素 b

4. 影响色素积累的环境因子主要是（　　）。

A. 遗传　　B. 光照　　C. 温度　　D. 变异

5. 园艺产品中的有机酸主要是（　　）。

A. 苹果酸　　B. 酒石酸　　C. 草酸　　D. 柠檬酸

（三）判断题（正确的打“√”，错误的打“×”）

1. 叶绿素和花青苷都是水溶性色素。（　　）

2. 荔枝、龙眼果肉的软化特异性地被称为“自溶现象”。（　）

3. 花青素属于黄酮类化合物。（　）

4. 番茄在低温贮藏后风味会变差。（　）

5. 可溶性固形物含量是判断猕猴桃等果实采收成熟度的标准。（　）

6. 随果实成熟度增加，不溶性果胶含量减少，水溶性果胶含量增加。（　）

（四）思考题

1. 结合常见的园艺栽培措施，思考如何促进番茄着色？

2. 结合猕猴桃在生产中的贮藏方式，思考这些方法是何作用原理？

3. 一款常见的红葡萄酒具有明显的水果香气和青草香气，还具有轻微的“烟熏味”，试思考这些香气的来源物质及其相应的合成调控途径。

※ 参考文献

白红彤, 阳光, 2006. 文明带着芳香走来. 森林与人类(10): 6-15.

杜建, 2019. NtDXS和NtSPS在烟草茄尼醇生物合成中的功能研究. 郑州: 郑州大学.

范中奇, 邝健飞, 陆旺金, 等, 2015. 转录因子调控果实成熟和衰老机制研究进展. 园艺学报, 42(9): 1649-1663.

康乐, 何建昇, 郭俊俊, 等, 2020. UPLC-MS/MS法测定人粪便中吲哚及其两种代谢物的方法研究. 大众标准化(17): 191-194.

李浩男, 2015. 砂梨果皮褐色相关物质的初步鉴定. 南京: 南京农业大学.

杨力, 2009. 乙烯对苹果细胞壁组分降解效应及其机理的研究. 陕西, 杨凌: 西北农林科技大学.

尹大芳, 孙晓杰, 郭莹莹, 等, 2020. 单糖定性定量的色谱分析方法的研究进展. 食品工业科技, 41(24): 321-329.

袁遥, 2010. 南方红豆杉内生真菌次生代谢产物的研究. 长沙: 中南大学.

张彦丽, 韩艳春, 阿依吐伦・斯马义, 2010. GC-MS对昆仑雪菊挥发油成分的研究. 新疆医科大学学报, 33(11): 1299-1300.

周俊, 周德生, 2010. 天然黄酮类化合物对心脑血管的药理研究进展. 中西医结合心脑血管病杂志, 8(6): 725-727.

BUSHDID C, MAGNASCO M O, VOSSHALL L B, et al, 2014. Humans can discriminate more than one trillion olfactory stimuli. *Science*, 343(6177): 1370-1372.

第三章

园艺产品功能性成分与营养健康

国以民为本，民以食为天。党的二十大报告明确提出，树立大食物观，发展设施农业，构建多元化食物供给体系。在确保中国人的饭碗牢牢端在自己手中的同时，保障各类食物的有效供给，符合人民群众从“吃得饱”向“吃得好”的转变要求。园艺产品是人们日常生活中不可缺少的食品之一，园艺产品中含有丰富的维生素、微量元素、葡萄糖、果胶等对人体有益的物质。只要合理食用，便可以获得一定的营养补充，达到祛病保健的目的。

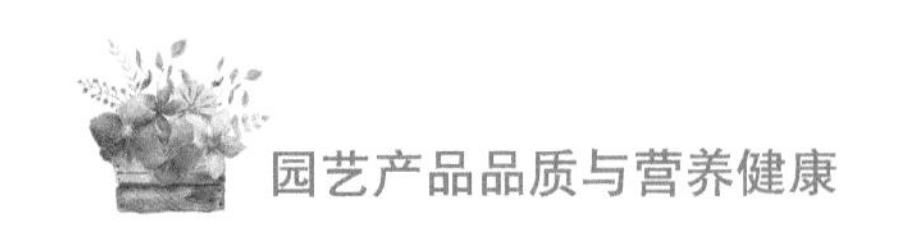

第一节　功能性成分与氧化应激损伤

氧化应激损伤是由氧化物的产生速率与生物系统的还原速率不平衡导致的。在机体的代谢过程中，活性氧（reactive oxygen species，ROS）和活性氮（reactive nitrogen species，RNS）通过非酶促反应和酶促反应不断产生，但在抗氧化酶与外源性和内源性抗氧化剂的协同作用下，ROS 和 RNS 被不断清除。在正常的生理状况下，ROS 和 RNS 的生成和清除处于动态平衡状态，维持在有利无害的极低水平。但是，当受到内源性和外源性刺激时，机体会代谢异常而骤然产生大量活性氧自由基，或机体的抗氧化物质不足，使促氧化剂与抗氧化剂间平衡失常，从而导致机体处于氧化应激状态（周妙妮等，2007）。

3.1　视频：功能性成分与氧化应激损伤

氧化应激损伤主要包括对 DNA、蛋白质和脂质的危害，对细胞的危害，对组织和器官的危害，以及诱发相关疾病等多方面、多层次的危害。过量的自由基特别是活性氧，具有极高的反应性，它们可以通过自由基的连锁反应，在自由基的产生部位及远离产生部位的其他部位攻击包括 DNA、蛋白质、脂质、糖类等在内的几乎所有的生物分子，产生极大的损害。氧化应激使机体处于易损状态，同时能增强致病因素的毒性作用，与多种疾病的发生密切相关。

一、活性氧对DNA、蛋白质和脂质的危害

DNA、蛋白质和脂质是 ROS 重要的攻击靶标。大量研究表明，过多的 ROS 能够引起 DNA 链断裂、DNA 位点突变、DNA 双链畸变等形式的 DNA 损伤，但是与核 DNA 相比，线粒体 DNA 更容易遭受氧化伤害；与此同时，DNA 的损伤可以反过来刺激细胞中 ROS 的产生。蛋白质广泛存在于细胞内外，极易受到 ROS 和 RNS 的攻击。它们主要氧化氨基酸的侧链，进而造成蛋白质部分或全部伸展、蛋白质骨架分解、蛋白质聚集等，且其中有些反应是可逆的。对脂质来说，生物膜脂质的磷脂中富含多不饱和脂肪酸，在氧气存在的环境下，极易被自由基及其活性衍生物攻击，引发脂质过氧化链式反应，生成各种代谢产物。

二、活性氧对细胞的危害

氧化应激损伤会对细胞产生危害，主要是因为基础水平的 ROS / RNS 在维持细胞

稳态、调节细胞增殖上具有非常重要的作用。但是，当 ROS / RNS 的产生超过细胞自身的抗氧化防御能力时，细胞的内生机制将无法修复氧化损伤，细胞发生凋亡、自噬、坏死等一系列反应，进而细胞死亡。

三、活性氧对组织和器官的危害及相关疾病

氧化应激会对多种组织和器官造成危害，并引发相关疾病。比如，氧化应激对心脏产生的损伤，会导致冠心病、高血压、心肌梗死等；对肾脏的损伤会导致慢性肾病、肾炎等；对关节的损伤会导致类风湿等；对肺的损伤会导致哮喘、慢性阻塞性肺病、癌症等；对免疫系统的损伤会导致慢性炎症、自身免疫性疾病、癌症等；对血管的损伤容易导致血管再狭窄、动脉粥样硬化、高血压等；对眼睛的损伤会导致黄斑变性、视网膜变性、白内障等。当然还会导致一些综合性疾病，如糖尿病、衰老、慢性疲劳综合征等。

四、氧化应激防御体系

氧化应激保护作用的途径，主要通过酶促反应防御体系和非酶促反应防御体系两方面实现。这些防御体系可以通过清除自由基、减少 ROS 和 RNS 的产生来防止或减轻机体受到氧化应激损伤的程度。ROS 和 RNS 扮演着包括信号传导在内的很多生理功能。在正常的生理状态下，机体会通过一系列的防御途径来中和产生的 ROS 和 RNS；但是，当机体防御不足以抵消 ROS 和 RNS 时，它们会和脂质、蛋白质和 DNA 发生反应，进而对机体造成氧化应激损伤。

1. 酶促反应防御体系

酶促反应防御体系主要包含一些非常重要的酶，包括超氧化物歧化酶（superoxide dismutase，SOD）、过氧化氢酶（catalase，CAT）、谷胱甘肽过氧化物酶（glutathione peroxidase，GSH-Px）（潘善瑶等，2020）、谷胱甘肽还原酶（glutathione reductase，GSR）和谷胱甘肽 *S*-转移酶（GST）等。它们能保护线粒体和 DNA 免受氧化应激损伤。其中，超氧化物歧化酶催化负二价氧离子变为 H_2O_2 和 O_2，使潜在的有害超氧化物阴离子的危险性降低；过氧化氢酶在铁或锰辅因子的存在下催化 H_2O_2 还原为水；谷胱甘肽过氧化物酶是细胞内非常重要的酶，它通过硒辅因子将 H_2O_2 还原为水，也可以将脂质过氧化物还原为相应的醇；谷胱甘肽还原酶可以将二硫化谷胱甘肽还原为巯基谷胱甘肽，后者是细胞内非常重要的抗氧化物。这些抗氧化物酶受到不同转录因子的调节，目前研究最多的转录因子主要包括 Nrf2、FOXO 等。

2. 非酶促反应防御体系

在非酶促反应防御体系中，起主要作用的是一些具有自由基清除功能的抗氧化物，例如辅酶 Q10、维生素 C、维生素 E、谷胱甘肽，以及可以和活性氧、活性氮相结合的

蛋白质（如硫氧还蛋白、白蛋白、转铁蛋白、血浆铜蓝蛋白等），这些抗氧化体系可以使机体组织免受氧化应激损伤。其中，辅酶 Q10 是存在于线粒体内膜上的一种内源性化合物，它是呼吸链内电子传递和 ATP 生成的必要物质。辅酶 Q10 是一种强抗氧化剂，它可以通过减少活性氧和活性氮的产生，保护线粒体免受氧化应激损伤，进而可以抑制促炎物质的产生。谷胱甘肽也是一种强抗氧化剂，它能保护细胞免受自由基的伤害，除此之外，它也参与维生素 C、维生素 E 的循环，使他们在经历抗氧化反应后重新具有抗氧化活性。

一些从饮食中获取的营养物质和生物活性物质具有很好的抗氧化功能，在抵御氧化应激损伤上具有重要的作用。这些抗氧化物质主要从以下几个方面发挥作用：一是防止自由基的生成；二是抵消已产生的自由基，修复自由基对机体产生的损伤；三是和内源抗氧化剂共同作用，提高机体总体抗氧化能力。

维生素 C 是主要的水溶性抗氧化物，主要在水相中发挥作用；维生素 A、维生素 E 和类胡萝卜素是脂溶性物质，主要在生物膜和脂蛋白中发挥作用。虽然它们主要在不同的相中发挥作用，但是都能协作抵御氧化应激损伤。

维生素 C 是一种非常重要的营养物质，且是血浆中主要的亲水性抗氧化物质，维生素 C 在小肠中通过主动运输被人体吸收。除了可以中和自由基之外，维生素 C 在 α–生育酚的再生中也起到了重要的作用。α–生育酚是维生素 E 家族中的重要组成部分，也具有非常重要的抗氧化作用。饮食中的绝大多数（超过 85%）维生素 C 来自柑橘类水果和蔬菜。维生素 C 的含量和蔬菜与水果的生长环境、成熟程度有很大的关系。

维生素 E 是一类物质的总称，包括 α–生育酚、β–生育酚、γ–生育酚和 δ–生育酚，它们各自发挥着不同的生物活性。维生素 E 在日常饮食中主要来源于植物油及其衍生产品。除此之外，肉类、动物脂肪、全谷、坚果以及种子也是维生素 E 很好的来源。维生素 E 的抗氧化能力来源于色原烷醇环，其上的羟基可以为活性氧提供电子。α–生育酚的再生可以通过维生素 C、还原型谷胱甘肽以及辅酶 Q 的氧化还原实现。作为一个脂溶性的分子，维生素 E 在防止生物膜脂质过氧化上发挥了重要的作用。除了具有抗氧化作用外，维生素 E 还有维持生物膜稳定性、调控基因表达的信号级联等作用。

类胡萝卜素也是一大类脂溶性物质，目前已经鉴定出的类胡萝卜素类物质有 600 多种，但是只有大约 60 种物质普遍存在于日常的饮食中，且只有一小部分类胡萝卜素可以从人类的血液和组织中分离出来，这些物质主要是 α–胡萝卜素、β–胡萝卜素、番茄红素和叶黄素。类胡萝卜素是很多蔬菜水果的呈色物质，例如柑橘、胡萝卜、番茄以及一些绿叶蔬菜。研究表明，一些类胡萝卜素的生物利用率在烹饪过后或加入食用油的条件下会显著提高。最新的研究表明，类胡萝卜素被人体摄入后，会在小肠中以主动运输的形式被吸收。作为脂溶性物质，类胡萝卜素在防止脂质氧化上发挥着重要的作用，它能和维生素 E 协同作用防止脂质过氧化。此外，类胡萝卜素还能保护 DNA 免受自由基的损伤，促进修复机制的运行。除了具有抗氧化功能外，类胡萝卜素还有抑制肿瘤生长、防止基因毒性以及调节免疫系统等作用。

第二节　功能性成分与糖尿病

3.2　视频：功能性成分与糖尿病

糖尿病是一种以高血糖为特征的代谢性疾病，是由人体不能正常分泌胰岛素（即胰岛素缺乏）或身体不能正常利用胰岛素（即胰岛素抵抗）而引起的。

糖尿病患者长期存在的高血糖，会导致各种组织，特别是眼、肾、心脏、血管、神经的慢性损害和功能障碍（李向英，2020），引发很多并发症，如眼底病变、心脑血管和下肢血管病变、自主神经病变等，严重威胁人类健康。目前，全球大约有 4.5 亿糖尿病患者，其中中国糖尿病患者人数最多，大约 1.14 亿，糖尿病已成为威胁人类健康的重大社会问题。

对于糖尿病患者来说，除了注射胰岛素、口服药物、运动疗法外，饮食控制也是重要的控制血糖的措施：米饭不能吃饱，水果不能吃多，甜品基本不碰。

糖尿病患者在选择食物时，需要了解一个重要指标：食物的“血糖生成指数”（glycemic index，GI），即人们常说的升糖指数。它是指在标准定量（一般为 50g）下，某种食物中碳水化合物引起血糖上升所产生的血糖时间曲线下面积和标准物质（一般为葡萄糖）所产生的血糖时间曲线下面积之比值再乘以 100。它反映了某种食物与葡萄糖相比升高血糖的速度和能力。

高 GI 的食物由于进入人体肠道后消化快、吸收好，葡萄糖能够迅速进入血液，所以易导致高血糖的产生。而低 GI 的食物在人体内转化为葡萄糖的速度较慢，餐后升高血糖的幅度相对较小。总体来说，蛋糕、饼干、面包等精加工且含糖量高的即食食品属于高 GI 食物；而许多果蔬，如绿叶蔬菜以及猕猴桃、樱桃等园艺产品均属于低 GI 食物，可帮助糖尿病患者在满足饥饿感的同时有效地控制血糖，降低糖尿病并发症发生的风险。对于一些中、高 GI 的园艺产品，医生建议也可适量食用，因其富含多种生物活性功能成分，具有较强的抗氧化等诸多功效，对糖尿病患者仍具有保健作用。下面将对园艺产品中不同功能性成分与糖尿病的关系进行介绍。

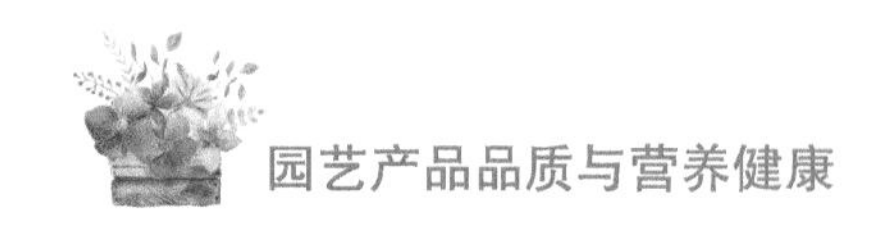

一、黄酮类化合物与糖尿病

在果蔬中含量丰富的黄酮类化合物是植物中一类重要的次生代谢物，广泛存在于水果、蔬菜、茶等多种食源性植物中。如目前已在柑橘中鉴定出60多种黄酮类化合物，包括柚皮苷、新橙皮苷等黄烷酮和川陈皮素等多甲氧基黄酮。

动物实验结果显示，富含黄酮类化合物的柚皮提取物、宜昌橙皮提取物、枳橙果实提取物和金柑果实提取物等，均可显著降低糖尿病小鼠的血糖水平，提高其葡萄糖耐受能力。进一步研究表明：柑橘中富含的橙皮苷、柚皮苷、川陈皮素可能是柑橘提取物中抗糖尿病的主效成分，它们可增强胰岛素敏感性，缓解小鼠的高血糖症状。

根皮苷是苹果中重要的黄酮类化合物。根皮苷能显著降低糖尿病小鼠的血糖水平，减少胰岛素抵抗，调节脂质代谢，对糖尿病小鼠多尿、多饮、多食和消瘦的“三多一少”症状有显著的改善作用。

槲皮素及其糖苷衍生物也是普遍存在于果蔬中的黄酮类化合物。有学者利用链脲佐菌素（streptozocin，STZ）诱导的糖尿病小鼠模型研究发现：采用不同剂量的槲皮素饲喂2周后，可显著降低小鼠的血糖水平，提高小鼠血清中的胰岛素水平，并呈现出明显量效关系。利用db/db糖尿病小鼠模型研究发现，采用槲皮素饲喂6周，可显著提高小鼠体内抗氧化水平，具有显著的降糖效果。目前，槲皮素糖苷衍生物，如异槲皮苷、金丝桃苷、槲皮苷、芦丁等，也被报道具有显著的体内降低血糖或体外调节糖代谢的作用。

花色苷是果蔬中另一类重要的黄酮类化合物。富含花色苷的果实如杨梅，可显著降低糖尿病小鼠的血糖水平，提高小鼠的口服糖耐量。这与果实花色苷提取物的高抗氧化活性，以及有效保护胰岛细胞、诱导胰岛素分泌相关的基因和蛋白表达的生理功能等有关。

二、多糖与糖尿病

植物多糖是由10个以上单糖通过糖苷键连接而成的高分子化合物。大量研究表明，植物多糖（如南瓜多糖）具有降血糖功能。利用糖尿病小鼠模型研究发现，南瓜多糖可显著抑制小鼠血糖水平的上升，使胰岛β细胞功能指数和胰岛素分泌指数显著升高。进一步研究发现：南瓜多糖可修复受损的胰岛β细胞，促进胰岛素的分泌，且对改善糖代谢、增加肝糖原有着重要作用。除南瓜多糖外，苦瓜多糖、茶多糖等在抗糖尿病方面的功效也常见于报道。

三、皂苷与糖尿病

植物皂苷是由皂苷元、糖、糖醛酸或其他有机酸组成的一类糖苷。近年来，苦瓜皂苷、人参皂苷、大豆皂苷等植物皂苷都陆续被报道具有降血糖作用。

被誉为“植物胰岛素”的苦瓜皂苷，是苦瓜降血糖的主要成分之一。它不仅有直接的类胰岛素作用，还能促进胰岛素的分泌。动物实验结果表明，苦瓜皂苷可显著降低糖尿病大鼠的空腹血糖水平，恢复其抗氧化能力，还可以通过增加肝糖原和抑制 α-葡萄糖苷酶的活性来改善糖耐量。在降血糖的同时，苦瓜皂苷还能有效降低糖尿病小鼠的胆固醇、三酰甘油、瘦素等水平，其降血脂作用可用于预防和辅助治疗糖尿病并发症。

随着此类研究工作的深入开展，除上述提到的黄酮类化合物、多糖、皂苷外，园艺产品中更多功能性成分在调节血糖方面的功效将被发现。目前，糖尿病被世界卫生组织认定为是只可控制不可治愈的终身疾病，饮食控制将是伴随糖尿病患者一生的重要治疗手段。对于他们而言，什么能吃、什么不能吃、什么可以多吃、什么必须少吃非常重要。为控制血糖，糖尿病患者面对“甜食”往往只会远观而不敢食用，面对色彩缤纷、美味诱人的水果，也只能“望而却步”。

前文提到了多种水果都含有丰富的功能性成分，有良好的慢性病预防和治疗作用。所以，糖尿病患者并不需要完全禁止食用水果。患者可以根据自身的血糖状况，在合适的时间选择性地食用适量水果，比如，餐后 2h 后进食适量水果，既能防止低血糖，又能有效抑制血糖升得太高。这也是糖尿病患者均衡膳食搭配、获得更全面营养的需要。当然，糖尿病患者如果在饭后立即食用水果，也就是在摄入总能量已经比较高的情况下再摄入糖分，就相当于雪上加霜。所以对糖尿病患者而言，没有绝对好的食物，也没有绝对不好的食物，何时吃以及吃多少才是饮食控制治疗的关键。

园艺产品中富含黄酮类化合物、多糖、皂苷等多种可调节血糖的功能性成分，只要合理膳食，适时适量，均衡搭配，园艺产品也可以是糖尿病患者营养健康食谱的重要组成部分。

第三节　功能性成分与心血管疾病

一、关于心血管疾病

3.3　视频：功能性成分与心血管疾病

心血管疾病是心脏和血管疾患引起的，包括冠心病（心脏病发作）、脑血管疾病（脑卒中）、高血压（血压升高）、周围血管疾病、风湿性心脏病、先天性心脏病、心力衰竭及心肌病等。

心血管疾病是全球的头号死因：每年死于心血管疾病的人数多于其他任何死因引起的人数。2016 年，大约有 1790 万人死于心血管疾病，占全球总死亡人数的 31%；其中，85%死于心脏病和脑卒中。

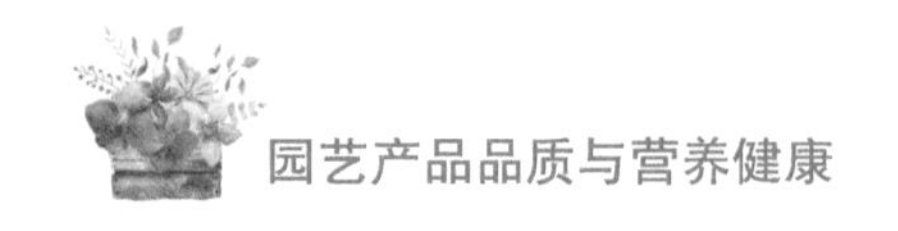

我国心血管疾病防治工作已取得初步成效，但仍面临着严峻挑战。总体来看，我国心血管疾病患病率及病死率仍处于上升阶段，推算现心血管病患数为2.9亿，由心血管疾病引起的死亡占居民疾病死亡构成的40%以上（程全周等，2020），居首位，高于肿瘤及其他疾病引起的死亡人数。近几年，农村心血管病患病死率持续高于城市水平（沈静等，2020）。

二、心血管疾病的危险因素

很多因素可以加速动脉粥样硬化的进程，这些因素被称为心血管疾病的危险因素。在我国，高血压、高血脂、吸烟、糖尿病、肥胖等因素都是导致心血管疾病的危险因素。

1. 高血压

高血压是最常见的慢性非传染性疾病。从1958年到2002年的4次全国范围的高血压抽样调查发现，我国15岁以上居民高血压患病率呈逐年上升趋势。有关流行病学的研究发现，高血压可增加各年龄组的死亡风险，特别是增加患心血管病和脑卒中的风险。

2. 吸烟

与不吸烟者相比，吸烟者发生心脏性猝死的概率高4～6倍，发生心肌梗死的概率要高2～4倍。烟草中的一氧化碳可与人体红细胞内的血红蛋白结合，降低血红蛋白携带氧的能力，还会破坏血管内膜，使其不平整，加速粥样斑块形成。烟草中毒性最大的是尼古丁，可诱发高血压，而高血压正是心血管疾病发生的高危因素。

3. 血脂异常

血脂异常是我国人群心血管疾病发生的重要危险因素之一。我国多个前瞻性队列研究已证实，血清总胆固醇（serum total cholesterol，TC）、低密度脂蛋白胆固醇（low-density lipoprotein cholesterol，LDL-C）水平升高或高密度脂蛋白胆固醇（high-density lipoprotein cholesterol，HDL-C）水平降低均可增加脑血管疾病（cerebrovascular disease，CVD）的发生风险；还有研究证实，非高密度脂蛋白胆固醇（non-HDL-C）、极低密度脂蛋白胆固醇（very low-density lipoprotein cholesterol，VLDL-C）、三酰甘油水平升高对CVD发生风险也有预测作用。

4. 糖尿病

糖尿病会增加缺血性心脏病、脑卒中等疾病患者的病死率。研究显示，糖尿病患者心血管疾病病死率增加的重要原因除了糖尿病的治疗率和控制率低外，还与心血管保护药物的使用率低有关。

5. 超重和肥胖

超重和肥胖是高血压发生的重要危险因素，而高血压是引发心血管疾病的重要因素。

6. 身体活动不足

身体活动不足易引起肥胖、血糖升高、血脂升高。此外，较少的体育锻炼还会使心脏、血管代偿功能减退，诱发冠心病。

7. 膳食不合理

膳食不合理明显不利于 CVD 的预防，如碳水化合物供能比减少、脂肪供能比过高、膳食胆固醇摄入量增加、高钠低钾饮食、水果蔬菜的摄入量较低等（陈伟伟等，2016）。

8. 代谢综合征

有代谢综合征的人患心血管疾病的风险增加 3 倍（陈伟伟等，2018）。

9. 大气污染

近年来有研究显示，颗粒物大气污染是诱发 CVD 的危险因素，尤其是细颗粒物（particulate matter 2.5，PM2.5）被认为是颗粒物中最主要的致病成分，与 CVD 的关联更为密切（陈伟伟等，2018）。

三、心血管疾病的预防

心血管疾病一级预防是指心血管疾病尚未发生或处于亚临床阶段时采取预防措施，通过控制或减少心血管疾病危险因素，预防心血管事件，减少群体发病率（何潇一等，2018）。其中，生活方式干预是一级预防中所有预防措施的基石，主要包括以下几个方面：合理膳食，减少总脂肪和饱和脂肪的摄入量，尽量减少或停止摄入反式脂肪酸，多数膳食脂肪应为多不饱和脂肪酸或单不饱和脂肪酸；减少日常盐的摄入量（袁小兰等，2014）；增加各类水果、蔬菜、全谷食品以及豆类食品的摄入量；规律运动，每天至少有 30min的中度身体活动，如慢跑、快步走等；控制体重，鼓励所有超重或肥胖者通过低能量膳食结合一定的身体活动来降低体重；减少酒精的摄入；戒烟，避免被动吸烟。

园艺产品中含有对心血管疾病有改善作用的功能性成分。较多流行病学研究显示，合理的膳食可降低较多慢性疾病，如癌症及心血管疾病的发生风险。尽管植物中的脂肪及蛋白质在某种程度上对这些保护效果有着一定的贡献，但其他植物食品组分的贡献也非常关键。此类活性组分主要为植物来源的一些微量的酚类化合物以及大量其他的化合物，如番茄红素、有机硫化合物、植物甾醇、膳食纤维以及单萜类物质等。

1. 酚类化合物

酚类化合物广泛存在于所有植物中，至今人们已分离了超过 8000 种结构的酚类，既包括简单的分子，如酚酸类；又包括大量高聚合度的化合物，如单宁。尽管酚类化合物存在于所有植物食品中，但在不同植物中的含量差距甚大。例如，谷物及豆类中的主要酚类化合物为黄酮类化合物、酚酸类和单宁类；葡萄酒中的主要酚类化合物有酚酸类、花色苷、单宁类和黄酮类化合物；大多水果富含黄酮醇；坚果富含单宁类物质。

黄酮类化合物是植物中最为常见的酚类化合物，常见的黄酮类化合物为黄酮类、黄酮醇类及它们的糖苷化合物。诸多研究表明，黄酮类化合物的摄取量与心血管疾病的发生风险之间存在负相关性。其可能的作用机制包括对血浆中低密度脂蛋白（LDL）氧化的抑制，对血小板凝集和黏附的抑制，以及降低胆固醇或三酰甘油水平等。

[注：正常情况下，低密度脂蛋白胆固醇（LDL-C）以非氧化态存在，非氧化的LDL-C 并不容易引起动脉粥样硬化（林瑞挺等，2019）。第 7 版《内科学》中已明确阐述，被氧化的 LDL-C（Ox-LDL）才会沉积在血管内壁，导致动脉粥样硬化。]

红葡萄酒富含多酚类化合物。研究表明，红葡萄酒在体外可以抑制 LDL 的氧化，还可以增加血浆的抗氧化能力。红葡萄酒中鉴定到的抗氧化剂，包括酚酸类、黄酮醇类、单体儿茶素以及聚合的花色苷等。它们能够降低血小板凝集的灵敏度，减少促凝血原及促发炎原水平，降低黏附分子的表达，达到抗血栓的效果。

茶是世界上消费量仅次于水的饮料，它富含大量抗氧化性多酚类化合物，包括儿茶素类、黄酮醇类、茶黄素及茶红素等，几乎占茶叶干质量的 35%以上。茶叶可降低LDL氧化的灵敏度，从而起到对心血管的保护效果。

2. 番茄红素

番茄红素是一种主要存在于番茄及其制品中的生物活性物质。根据品种及成熟阶段的不同，番茄中的番茄红素含量差异巨大。在油或脂肪存在的情况下进行烹饪，可以显著提高番茄红素的生物利用率。

在动脉粥样硬化的发生和发展过程中，血管内膜中的脂蛋白氧化是一个关键因素，而番茄红素在降低脂蛋白氧化方面发挥着重要作用。据报道，口服天然番茄红素，能使血清胆固醇浓度降至 5.20mmol/L 以下。番茄红素可用于防治高胆固醇和高脂血症，减缓心血管疾病的发展（孙成泽，2011）。

3. 有机硫化合物

很多食品来源的有机硫化合物对 CVD 的诸多风险因子能够产生有益的影响。例如，大蒜和大蒜油中含有丰富的有机硫化合物，可降低总胆固醇、LDL-C 及三酰甘油的含量。其中，水溶性化合物（如 *S*-烯丙基半胱氨酸）和大量脂溶性化合物（包括二烯丙基硫、三烯丙基硫、二烯丙基二硫等），都具有较强的抗氧化活性，能起到一定的抗血栓效果。

4. 植物甾醇及其活性组分

膳食中的植物甾醇主要有谷甾醇、豆甾醇及樟甾醇等。研究显示，任何一种植物甾醇或甾烷醇，只要得到正确的配置，都可以发挥出几乎相一致的降低胆固醇的效果。

第四节 功能性成分与记忆改善

一、衰老现状与简介

衰老是自然界生物中不可逆的生理学、病理学变化，是生物机体伴随年龄增长，组织和器官逐渐失去功能的过程。

3.4 视频：功能性成分与记忆改善

人体衰老过程中多伴随着认知记忆功能的下降，这与机体的内分泌系统、循环系统、中枢神经系统及消化系统等多个系统的老化密切相关。

衰老所引起的神经退行性疾病［如阿尔茨海默病（Alzheimer's disease，AD）、帕金森综合征等］的发病率随着年龄增长而不断升高，这些疾病都伴随着认知记忆功能障碍，已成为老年人身心健康与生活质量的巨大威胁。

国家统计局数据显示，截至 2018 年末，全国 60 岁以上人口为 2.4 亿人，占我国全部人口的 17.9%。人口老龄化程度还在持续增加，预计我国老年人口比例将在 2041 年前后突破 30%，到时我国将全面进入深度老龄化社会。老龄化所引起的社会、经济压力，同样也是目前亟待解决的问题。

二、衰老与认知记忆

早在 1956 年，美国内布拉斯加大学的丹汉・哈曼就指出，自由基的长期积累会损伤机体的蛋白质、脂肪及 DNA 的功能，加快衰老的进程。还有研究发现，在衰老过程中，线粒体功能会失活，并且还伴随着线粒体 DNA 的突变。同样的，随着年龄增长，大脑中下丘脑释放各类激素的能力降低，影响机体功能，导致人体产生认知记忆障碍。这些由衰老引起的氧化应激失衡、线粒体功能紊乱、系统炎症产生、神经元生成能力受损等变化，都是造成认知记忆功能损伤的可能因素。在这些因素中，脑老化是神经变性和认知记忆功能减退的主要原因。衰老会造成脑内髓鞘发育受阻，神经元萎缩，突触连接和神经递质减少，接受和传递信息的能力降低，最终造成人体的认知记忆障碍。

三、功能性成分与认知记忆的改善

人们探索延缓机体衰老、改善认知记忆、提高老年人群生活质量的脚步从未停歇。

人们可试着从日常生活中常摄入的一些功能性成分入手，充分发挥其延缓衰老与保护神经的作用，从而达到改善记忆的目的。

碳水化合物是人们日常生活中摄取最广泛的营养素。其中，葡萄糖是中枢神经系统最直接、最重要的能量供给。此外，葡萄糖还是神经系统重要的化学神经递质［如谷氨酸盐、乙酸盐、γ–氨基丁酸（γ–aminobutyric acid，GABA）等］的底物。中枢神经系统的糖摄入不足会导致神经信号传递紊乱，进而引起认知记忆功能障碍。碳水化合物中的一些多糖能够改善认知记忆。有研究表明，黄芪多糖能够降低小鼠脑海马体中的丙二醛含量及超氧化物歧化酶的活性，维持脑内氧化应激平衡，最终改善大鼠的认知记忆功能。枸杞多糖也是一种传统的功能性成分。有研究报道，枸杞多糖能够抑制脑内 A 淀粉样蛋白的沉积，抑制脑内 ROS 的产生，增加小鼠脑部抗氧化物酶的表达，从而改善认知记忆功能。其他的一些多糖，比如膳食纤维，会被特定肠道微生物代谢为短链脂肪酸（short-chain fatty acids，SCFAs）。SCFAs 能够通过单羧酸转运蛋白透过血脑屏障，进而影响中枢神经系统功能，且 SCFAs 可抑制炎症因子的表达，显著改善神经小胶质细胞炎症反应。因此，补充膳食纤维、抗性淀粉以及它们的代谢产物短链脂肪酸，对于脑衰老及其造成的认知记忆损伤都具有潜在的改善作用。

一些脂类功能性成分，比如 ω–3 多不饱和脂肪酸，对于脑衰老及其造成的认知记忆损伤也具有潜在的改善作用。较高的内源性 ω–3 水平与阿尔茨海默病（AD）小鼠模型的认知衰退减弱有关，饮食补充 ω–3 多不饱和脂肪酸可改善衰老人群和 AD 患者的脑部功能。

此外，一些植物多酚，比如菊科蔬菜中富含的菊苣酸以及茶叶中的茶多酚，都已被证实能够改善认知记忆功能。

膳食中补充菊苣酸，可以有效改善由系统性炎症引起的脑内神经炎症的发生及 $A\beta$ 的过度聚集。菊苣酸还可以与 Keap1 蛋白相结合，使得 Nrf2 蛋白从 Keap1 上脱离，向细胞核内转移，进而激活小胶质细胞的抗氧化防御酶表达，抑制由 LPS 引起的氧化应激损伤，保护神经细胞的活力。近年来的一些研究发现，茶多酚可以显著改善由高热能膳食引起的节律失调及认知功能障碍，并且可以改善由长期黑暗诱导的小鼠大脑生物钟节律失调，进而显著改善小鼠的空间学习记忆功能障碍。茶多酚还可以生物钟基因 *Bmal1* 依赖性的方式激活 Nrf2 抗氧化防御信号通路，改善 H_2O_2 诱导的 SH–SY5Y 神经细胞损伤。这揭示了茶多酚干预节律失调与认知功能障碍间的潜在联系与机制。

红色类胡萝卜素物质，比如番茄中所含的番茄红素以及存在于虾、蟹等水产生物中的虾青素等，都有潜在的改善认知记忆的功能。番茄红素能够透过血脑屏障，促进脑源性神经营养因子（BDNF）的表达，修复神经突触的可塑性，增加小鼠脑部抗氧化物酶的表达，对认知记忆障碍有显著的改善作用。虾青素可维持脑组织中的氧化还原平衡，显著降低脑部炎症蛋白的表达，保护大脑海马区神经细胞免受损伤。

总之，功能性成分的摄入对于维持机体健康意义重大。功能性成分的构成、比例对于维持机体结构需求、供给能量以及调节稳态十分关键，这些潜在因素均会对衰老及其相关的认知记忆功能障碍具有一定的影响。因此，日常生活中人们应该科学地摄入与利用这些功能性成分，从而拥有健康的生活。

第五节　功能性成分与人体生物钟

一、生物钟

“万物各得其和以生，各得其养以成”语出《荀子·天论》，讲的是在这五彩斑斓的自然世界里，所有的生物都遵循着它们惯有的自然法则。其中，生物节律就是自然法则之一。

3.5　视频：功能性成分与人体生物钟

为什么没有闹钟，我们也能在白天按时醒来？为什么人们养成了一日三餐的进食习惯？为什么雄鸡在清晨啼鸣，猫头鹰在夜间捕猎进食？这一切都离不开机体内在的时间系统，也称“生物钟”。

早在 18 世纪初，法国科学家德迈伦通过观察含羞草植物的自主叶片运动，首次发现了生命通过感受光信号而具有的内在的时钟系统。此后又经过近 200 年的研究，人类终于揭开了机体生物钟的作用机制与生理功能。2017 年的诺贝尔生理学或医学奖颁给了 3 位美国科学家，以表彰他们在揭示机体生物钟分子机制研究中的贡献（谭欣同，2019）。简单来说，在人体大脑的下丘脑中存在一个特殊的结构——视交叉上核，它可以通过视网膜感受外界的光信号，并整合外界光信号，进而调控机体以适应外周环境。

在分子水平上，核心生物钟基因遵循一个细胞内自主的转录翻译负反馈调节机制（谭欣同，2019）。转录因子 Clock 和 Bmal1 形成异二聚体结合到 E-box 上，以驱动下游的生物钟基因 *Cry* 和 *Per* 在细胞质中的转录和翻译。当细胞质中的 Cry 和 Per 蛋白表达水平过高时，会部分地进入细胞核，进而抑制生物钟蛋白 Bmal1 和 Clock 的结合。同时，一些辅助的反馈调节回路也参与了生物钟的调控过程。如 *REV-ERB* 和 *ROR* 可以与 *Bmal1* 启动子区段的 *ROREs* 竞争性结合，进而抑制或激活 *Bmal1* 的转录活性。基于此，生物钟基因的表达形成了一个以 24h 为周期的波动方式。

二、生物钟平衡与人类健康

随着社会的发展，经济社会对劳动力的灵活性及劳动强度要求越来越高，因此熬夜加班俨然已成为众多职业的工作常态。有报道显示，全世界约 7 亿人处于倒班工作模

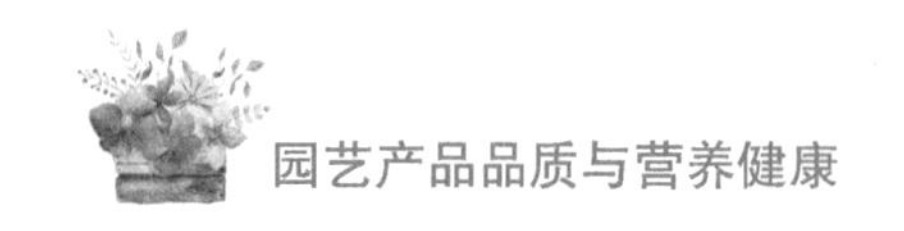

式。随着全球经济的发展及全世界通信条件的改善，这一人数还会持续增加。

越来越多的证据表明，倒班工作与肥胖、糖尿病、乳腺癌及其他代谢相关疾病的发生密切相关，而昼夜节律紊乱是倒班工作引发一系列健康问题的关键因素。一项涉及 2500 名女性的研究显示，夜班工作使女性患乳腺癌的风险提高 30%。其中，每周夜班次数不少于 3 次的女性患乳腺癌的风险更高。因此，2007 年国际癌症研究机构将由倒班工作诱发的生物节律失调定义为“潜在致癌物质”。此外，流行病学的证据表明，长期的轮班工作是冠心病、脑卒中、动脉粥样硬化、心肌梗死和高血压发生的危险因素。

研究发现，生物钟蛋白 Clock 缺陷会加剧小鼠心血管疾病的发展，并且生物钟基因 *Clock* 通过 AKT 信号通路调控心脏的健康状况。尽管目前关于节律失调与心血管疾病之间的潜在联系并没有明确的研究结果，但考虑到这些疾病发病机制的复杂性，节律失调可能通过多种途径的结合而诱发心血管疾病。此外，生物钟与大脑的认知功能密切相关，长期的节律失调可以导致认知功能障碍，加速衰老，甚至导致阿尔茨海默病、帕金森综合征等多种神经退行性疾病（谭欣同，2019）。

总的来说，保持良好的作息习惯，维持机体的生物钟平衡，有利于机体健康。

三、食品功能组分调控机体生物钟

除了光信号可以影响机体的生物节律之外，食物信号也是影响机体生物钟的重要因素。一些食品组分可以在分子水平上调控生物钟基因，进而改善节律失调带来的一系列健康问题。近年来，科学家围绕如何通过食物信号直接调控生物钟进而干预生物节律失调相关健康问题的发生，开展了大量的有益探索。研究表明，食物中的葡萄糖、蛋白质、维生素等基本营养物质能够调控生物钟，尤其是外周生物钟信号。此外，食物中的功能活性物质（如茶多酚、儿茶素、白藜芦醇、川陈皮素等）对机体生物钟也具有较好的调控效果。

以喝茶可以提神为例，这是由于茶叶中富含茶多酚。茶多酚不仅有较强的抗氧化、抗炎的功能，还可以调控人体脑部的生物钟基因，延长生物钟基因的周期。茶叶中还有另外一种重要的膳食多酚——儿茶素，它可以通过调控肝脏的生物钟来提高肝脏的糖脂代谢功能。

同时，葡萄、花生、桑葚中富含一种对人体健康十分有益的多酚类化合物——白藜芦醇。研究表明，白藜芦醇通过干预成纤维细胞，可以显著上调核心生物钟蛋白 Bmal1 的表达。同时，白藜芦醇可以通过作用于 SIRT1 以调节生物钟功能，进而改善肝脏及肌肉的胰岛素抵抗情况。

此外，在高脂饮食模式下，白藜芦醇可以调节 *Clock*、*Bmal1*、*Per2* 等生物钟相关基因的节律性表达，进而抑制脂肪的生成。白藜芦醇还可以通过调控机体脂肪组织中 Rev-erb 蛋白的表达从而降低机体的炎症反应。总的来说，食品功能组分白藜芦醇可以通过调控机体生物钟系统，对预防糖尿病及肥胖症、延缓衰老、抑制癌症的发生发挥重要的作用。

此外，有一些膳食功能组分可以直接参与生物钟基因的转录，如普遍存在于柑橘类水果中的多甲氧基黄酮——川陈皮素。研究发现，在节律失调和肥胖的小鼠中，川陈皮素可以通过调控生物钟蛋白 Clock 促进小鼠能量消耗及提高运动活力，从而促进其体重增加、血糖水平升高、胰岛素敏感性降低以及改善脂肪肝等代谢综合征。同时，川陈皮素也可以通过生物钟蛋白 Clock 对糖尿病模型小鼠代谢综合征发挥干预作用。染色质免疫共沉淀结果显示，生物钟受体 RORs 是川陈皮素调控肝脏生物钟的作用靶点。

综上所述，生物钟是指生物体为了适应由于地球自转所形成的昼夜循环而进化形成的生理行为，是呈现 24h 节律性变化的生命现象。生物节律失调容易引起肥胖、糖尿病、神经退行性疾病和癌症等慢性疾病。而近年来的研究表明，许多食品功能组分可以通过调控机体的生物钟功能，进而抑制这类慢性疾病的发生与发展。

第六节 功能性成分与人体肠道菌群

一、肠道微生物

我们生活的环境中充满了各种微生物，而在我们身体内也存在着很多微生物。在长期的进化过程中，宿主与其体内寄生的微生物之间形成了相互依存、互相制约的最佳生理状态，双方保持着物质、能量和信息的流转。

3.6 视频：功能性成分与人体肠道菌群

在人体微生物系统中，肠道微生态系统是最主要、最活跃的，也是对人体健康有着更显著影响的系统。

肠道微生态系统中的微生物数量庞大且种类繁多，包括细菌、真菌、病毒和其他微生物以及它们的代谢产物、降解副产物和基因。肠道中微生物的分布并不均匀，约 70%分布在远端肠道（如结肠），这是由于远端肠道含氧量较低，微生物可利用的营养物质较多，故菌群数量丰富。人体中的主要肠道菌群为厚壁菌和拟杆菌（总占比为 80% ～ 90%）。肠道微生物除了执行各自的生物功能外，还可以与宿主之间相互作用，进而影响多种细胞和组织中的生理学、病理学以及免疫生物学过程。

二、肠道微生态平衡与人类健康

正常情况下，肠道菌群是动态变化的系统，在肠黏膜表面形成天然的屏障，能防止肠内物质与细菌易位至血液循环中，对人体健康起到极为重要的作用。人体肠道菌群的组成受许多因素影响，包括宿主的基因型、饮食、年龄、疾病状态和是否应用抗生素等。近年来，肠道菌群已成为食品领域研究的热点之一，越来越多的证据表明肠道微生态失衡与多种慢性疾病的发生、发展密切相关，如肥胖症、2 型糖尿病、认知障碍以及其他代谢综合征等。

1. 肠道微生态失衡与肥胖症及 2 型糖尿病

肥胖症所导致的胰岛素抵抗是 2 型糖尿病发病的主要病理因素。有研究发现，将肥胖患者的肠道微生物群移植到无菌小鼠体内，可导致小鼠肥胖的发生，表明小鼠肠道内微生物组成的变化可以导致肥胖的发生。与健康受试者相比，肥胖患者和葡萄糖代谢受损患者的肠道微生物菌群组成发生明显改变，特别是革兰阴性菌大量增殖，导致其微生物代谢产物脂多糖在肠道内不断产生，并通过肠壁进入血液循环系统；在脂多糖结合蛋白的作用下，脂多糖与血清中的 CD14 结合，形成复合物；然后与内皮细胞和单核细胞/巨噬细胞上 Toll-4 受体依赖性机制相互作用，导致促炎信号通路 NF-κB 激活，促进炎症因子（如白介素-6、肿瘤坏死因子-α、干扰素-γ）大量表达，最终引起全身性慢性炎症反应。

2. 肠道微生态失衡与轻度认知功能障碍

有研究曾对 28 例轻度认知功能障碍患者与另外 65 例年龄、性别、教育水平相当的认知功能正常者的肠道菌群进行了对比分析发现：与对照组相比，轻度认知功能障碍组的肠道菌群组成发生了显著改变，其有益菌乳酸杆菌、变形菌门、互养菌门的丰度下降；且多元逻辑回归分析表明，乳酸杆菌的丰度与轻度认知功能障碍显著相关。这些结果表明，轻度认知功能障碍患者体内乳酸杆菌丰度的减少是引发轻度认知功能障碍的潜在危险因素。

鉴于肠道菌群失调与疾病发生之间的密切相关性，研究者们推测未来改善肠道菌群环境可能成为一种新的慢性疾病的治疗策略。

三、食品功能性成分调控肠道菌群

平衡的肠道微生态对个人的健康至关重要。近年来，不论是在理论上或是应用上，研究者都十分重视肠道微生态平衡，并力求使其向有益于人体健康的方向调整。其中，膳食是影响肠道微生态的重要因素之一。

1. 膳食摄入益生菌可改善肠道微生态

益生菌指在适当剂量下可给宿主带来健康益处的活菌剂或死菌剂。目前公认的益生菌包括双歧杆菌属、乳酸杆菌属、酪酸梭菌、肠球菌以及布拉酵母菌等。益生菌改善肠道疾病的主要机制包括：（1）调节患者肠道菌群平衡；（2）益生菌代谢物改善肠道感觉运动功能；（3）促进短链脂肪酸产生，降低肠腔 pH，改善肠道环境。日常生活中，我们可以直接从膳食中摄入一些益生菌，比如市场上售卖的一些酸奶含有活菌型乳酸菌，长期摄入这一类型的乳饮品可上调肠道中有益菌乳酸菌的比例，保护肠道微生态平衡，维持人体健康。

2. 膳食摄入益生元可改善肠道微生态

益生元泛指不易被宿主消化吸收，可以通过改变微生物的生长条件从而促进有益菌生长的、有益于宿主健康的物质，包括菊粉、膳食纤维、低聚果糖、低聚半乳糖、人乳低聚糖、抗性淀粉、果胶、阿拉伯木聚糖、全谷物以及具有调节肠道菌群作用的非碳水化合物等。有研究表明，食用菊粉及其衍生物会对肠道菌群产生影响，可以增加肠道微生物产物短链脂肪酸丙酸盐的含量。在国际知名期刊 *Gut*（《消化道》）上发表的人群对照研究也表明，菊粉丙酸酯和菊粉均可以通过改善肥胖者的肠道菌群以及系统性炎症，来减轻肥胖引起的胰岛素抵抗及其他肥胖症状。

膳食纤维作为不能被人体内源性消化酶消化和吸收的糖类，具有饱腹、延缓消化、降低小肠吸收能力等作用，并具有减少血糖、血脂的吸收，改善血糖的功效，且能量较少。膳食纤维还可以通过影响肠道菌群结构来抑制肥胖的发生。研究表明，膳食纤维可调节肠道 pH，改善有益菌的繁殖环境，纠正肥胖者肠道微生态紊乱的状况。此外，膳食纤维可增加拟杆菌门菌群与厚壁菌门菌群在肠道中的比例，增加肠道菌群丰度，产生有益宿主健康的短链脂肪酸代谢产物，以及抑制机体炎症反应等，进而避免肥胖的发生。

3. 膳食多酚调节肠道菌群

膳食多酚已被证明具有多种生物学特性，如抗炎、抗氧化和抗衰老活性，以及心血管和神经保护功能。近年来有研究表明，膳食多酚也可以有效改善肠道菌群，降低人们患肠道疾病的风险。来自南京农业大学与国家枸杞工程研究中心团队合作的一项最新研究发现，黑果枸杞中提取的花青素及花青素的主要单体天竺葵素-3-葡萄糖苷（P3G），可有效调节肠道菌群组成，改善小鼠结肠炎的症状。除花青素外，有研究曾对茶多酚、葡萄多酚、一些多酚单体黄酮及非黄酮类对肠道菌群的影响进行了分析，结果发现，多酚混合物或多酚单体都可以对肠道微生物的结构和组成产生影响。

在众多肠道微生物中，双歧杆菌属最易受到影响。几乎所有相关报道指出，多酚物质能显著增加肠道微生物的丰度。此外，许多多酚类物质也会明显促进有益菌乳酸菌的生长。

4. 类胡萝卜素调节肠道菌群

长期的高脂饮食会导致肝癌发生。有研究表明，小鼠长期摄入添加番茄粉的饲料可有效预防肝癌发生。该种饲料可增加肠道微生物的丰度和多样性，显著降低有害菌梭菌属和螺旋菌属的相对丰度，有效抑制高脂饮食引起的机体炎症，改善高脂饮食引起的肝病变，从而有效预防肝癌发生。

虾青素也是类胡萝卜素的一种，具有良好的抗炎、抗氧化能力。有研究表明，在卵形鲳鲹幼鱼饲料中加入虾青素，可有效增加幼鱼肠道绒毛长度，增强幼鱼肠道屏障完整性，并且可以有效调整幼鱼肠道菌群的组成，降低变形菌门、拟杆菌门和放线菌门的菌群比例。

膳食补充功能性食品组分已经成为一种有效平衡肠道微生态的方法，长期摄入功能性食品组分可以有效干预慢性疾病的发生和发展。

章测试题三

（一）单项选择题

1. 喝茶可以提神的原因是茶叶中富含（　　），可以调控人体脑部的生物钟基因。

A. 茶氨酸　　B. 咖啡因　　C. 茶多酚　　D. 叶绿素

2. 类胡萝卜素被人体摄入后，会在（　　）以主动运输的形式被吸收。

A. 胃　　B. 小肠　　C. 十二指肠　　D. 盲肠

3. 苹果中重要的黄酮类物质是（　　）。

A. 根皮苷　　B. 花色苷　　C. 橙皮苷　　D. 川陈皮素

4. 被称为“植物胰岛素”的是（　　）。

A. 苦瓜皂苷　　B. 人参皂苷　　C. 大豆皂苷　　D. 茶多糖

5. 2007 年国际癌症研究机构将由（　　）诱发的生物节律失调定义为“潜在致癌物质”。

A. 不健康饮食　　B. 吸烟　　C. 酗酒　　D. 倒班工作

6. 葡萄、花生、桑葚中含有的具有调节生物钟功能的多酚类物质是（　　）。

A. 白藜芦醇　　B. 黄酮醇　　C. 没食子酸　　D. 肉桂酸

7. （　　）是一种普遍存在于柑橘类水果中的多甲氧基黄酮。

A. 川陈皮素　　B. 槲皮素　　C. 木犀草素　　D. 根皮素

8. 在众多肠道微生物中，（　　）属最易受到影响。

A. 乳酸杆菌　　B. 双歧杆菌　　C. 酪酸梭菌　　D. 肠球菌

9. 烟草中的（　　）可与人体红细胞内血红蛋白结合，降低血红蛋白携带氧的能力。

A. 尼古丁　　B. 焦油　　C. 二氧化碳　　D. 一氧化碳

（二）多项选择题

1. 由衰老造成认知记忆功能损伤的可能因素有（　　）。

A. 氧化应激失衡　　B. 线粒体功能紊乱

C. 系统炎症产生　　D. 神经元生成能力受损

2. 葡萄酒中的主要酚类化合物有（　　）。

A. 酚酸类　　B. 花色苷　　C. 单宁类　　D. 黄酮类化合物

3. 膳食中的主要植物甾醇有（　　）。

A. 麦角甾醇　　B. 谷甾醇　　C. 豆甾醇　　D. 樟甾醇

4. 人体肠道菌群的组成受哪些因素影响？（　　）

A. 宿主的基因型　　B. 饮食

C. 年龄及疾病状态　　D. 是否应用抗生素

（三）判断题（正确的打“√”，错误的打“×”）

1. 膳食纤维是一种能被人体内源性消化酶消化和吸收的糖类。（　　）

2. 氧化应激保护作用的途径主要通过酶促反应防御体系和非酶促反应防御体系两方面实现。（　　）

3. 糖尿病患者需要完全禁止食用水果。（　　）

4. 在非酶促反应防御体系中起主要作用的是一些具有自由基清除功能的抗氧化物。（　　）

5. 在油或脂肪存在的情况下进行烹饪，可以显著提高番茄红素的生物有效性。（　　）

6. 番茄中的甜菜红素有改善认知记忆的功能。（　　）

7. 虾青素也是类胡萝卜素的一种，具有良好的抗炎、抗氧化能力。（　　）

（四）思考题

1. 除了本章讲解的内容外，你认为园艺产品功能性成分还有哪些保健功能？

2. 你认为园艺产品功能性成分应当怎样开发利用？

3. 如何加强对慢性疾病的预防？

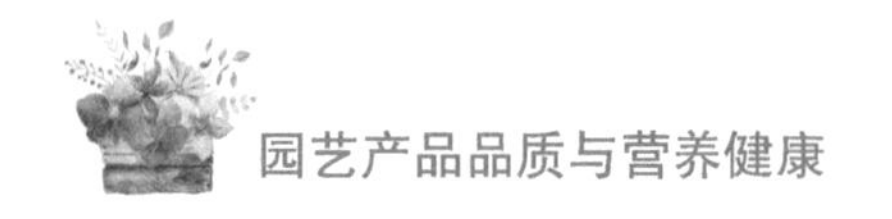

※参考文献

陈伟伟, 高润霖, 刘力生, 等, 2016.《中国心血管病报告2015》概要. 中国循环杂志, 31(6): 521-528.

陈伟伟, 高润霖, 刘力生, 等, 2018.《中国心血管病报告2017》概要. 中国循环杂志, 33(1): 1-8.

程全周, 陈爱莲, 赵振凯, 2020. 心血管病高危人群中医体质特点及与BMI、IMT的相关性分析. 中西医结合心脑血管病杂志, 18(9): 1406-1408.

何潇一, 叶卫华, 王嵘, 等, 2018. 心血管疾病远程监测设备的应用现状及展望. 中国医疗设备, 33(3): 115-117.

李向英, 2020. 一体化模式在初发糖尿病患者心理护理干预中的效果分析. 青海医药杂志, 50(2): 21-22.

林瑞挺, 蔡诗云, 潘志琼, 等, 2019. 早发冠心病患者血清补体C_3、C_4水平与LDL-C的相关性分析. 中山大学学报(医学版), 40(4): 554-559.

潘善瑶, 罗丽, 王国祥, 2020. 补充外源性抗氧化剂对运动诱导的适应性变化的影响. 体育科研, 41(4): 60-66.

沈静, 张红琴, 马蔡昀, 等, 2020. *MTHFR*基因C667T和A1298C多态位点和高同型半胱氨酸与冠心病的相关性研究. 标记免疫分析与临床, 27(2): 219-223.

孙成泽, 2011. 河北省番茄黄化曲叶病毒的分子特征及侵染性克隆构建. 长春: 吉林农业大学.

谭欣同, 2019. 食品危害物丙烯酰胺影响机体生物节律的分子机制研究. 陕西, 杨凌: 西北农林科技大学.

袁小兰, 陈清, 李清梅, 2014. 从中医“治未病”理论探讨心血管疾病的初级预防.数理医药学杂志, 27(3): 327-330.

周妙妮, 许爱娥, 2007. 白癜风与氧化-抗氧化失衡. 国际皮肤性病学杂志, 33(5): 281-283.

第四章

常见水果与人体健康

水果有营养，会吃才健康。党的二十大对新时代新征程上加快推进健康中国建设做出了新的战略部署，把保障人民健康放在优先发展的战略位置。要坚持预防为主，加强重大慢性病的健康管理。《黄帝内经》亦有云："五谷为养，五果为助"。水果是指多汁且有甜味、酸味甚至涩味的植物果实或者种子，含有丰富的黄酮类化合物、柠檬苦素类化合物、类胡萝卜素、维生素C、果胶和膳食纤维等，营养全面；有降血压、延缓衰老、减肥瘦身、保养皮肤、抗癌、降低胆固醇等保健作用。

第一节 苹 果

一、苹果概况

4.1 视频：苹果

苹果（*Malus pumila* Mill.），为蔷薇科苹果亚科苹果属植物，是常食水果之一。苹果属于仁果类果实，在世界各地广泛栽培；其为落叶乔木，开花期基于各地气候而定，一般集中于每年的4—5月。

苹果在中国已有2000多年的栽培历史，相传夏禹所吃的“紫柰”，便是红苹果。中国土生苹果属植物在古代又称“柰”或“林檎”。《本草纲目》中道：“柰与林檎，一类二种也，树实皆似林檎而大，西土最多，可栽可压。有白、赤、青三色，白者为素柰，赤者为丹柰，亦曰朱柰，青者为绿柰，皆夏熟。凉州有冬柰冬熟。”因野生品种“柰”的品质较差，生产上由西洋苹果取代，山东烟台最早引进西洋苹果。美国长老会成员约翰•倪维思于1871年将西洋苹果引入山东烟台，开创了中国苹果栽培新纪元。

二、苹果的主要品种

我国苹果品种资源丰富，分类方式也较为多样。

按果实成熟期，可划分为早熟、中熟、晚熟苹果品种。在我国北方，苹果成熟时间最早在7月初，最晚可至10—11月。

按成熟时果实的颜色，可划分为黄色、绿色和红色苹果品种。黄色品种如‘金冠’‘王林’等，绿色品种如‘澳洲青苹’‘印度’等，红色品种如‘富士’系、‘元帅’系等。

三、苹果中的生物活性物质

苹果中的生物活性物质主要包括苹果多酚、维生素和果胶等。

1. 苹果多酚

苹果多酚是指苹果中所含的多元酚类物质，主要包括黄酮醇类、酚酸类、黄烷-3-醇类、二氢查耳酮、花色苷等5类物质。黄烷-3-醇类包括儿茶素、表儿茶素、原花青素等；酚酸类包括绿原酸、对香豆酸等；二氢查耳酮类主要由根皮素及其糖苷组成；黄酮醇类主要由槲皮素及其糖苷组成；花色苷类物质主要包括矢车菊素-3-*O*-半乳糖苷等（谭飔等，2013）。

苹果多酚具有抗氧化、抗癌、抗衰老等多种功效，有助于降低心血管疾病、哮喘、糖尿病等多种疾病发生的风险。苹果多酚于果皮中的含量较果肉中高，故食用苹果时不削皮是更好的选择。

2. 维生素

苹果所含有的维生素种类主要是维生素 C（图 4.1.1）、维生素 A、维生素 E 以及烟酸（维生素 B_3）等。维生素 C 又名抗坏血酸，是人体所需的重要的水溶性维生素，具有促进新陈代谢、增强抵抗力、抗氧化等多种生物活性功能。苹果的美容功效正是与其丰富的维生素含量有关。

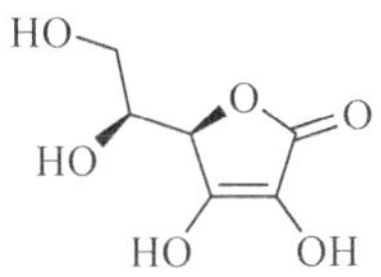

图4.1.1　维生素 C 的结构

3. 果胶

果胶（图 4.1.2）是一类复杂的高分子聚合物，其主要结构是一组多聚半乳糖醛酸，广泛存在于植物中，是细胞壁的组成成分。苹果的果皮和果肉中均含有丰富的果胶，其属于可溶性膳食纤维。

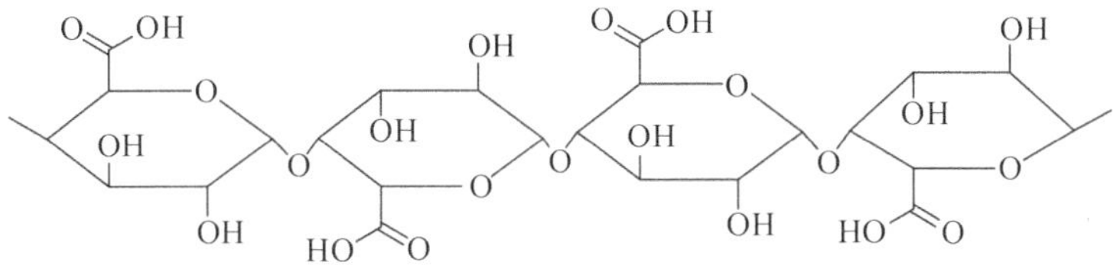

果胶（多聚半乳糖醛酸）

图4.1.2　果胶的结构

苹果果胶可作为碳源促使益生菌大量增殖，形成微生态竞争优势，还可产生拮抗物质，直接抑制外源性和肠内固有腐败菌的生长繁殖。苹果果胶进入人体后，一般不被消化和吸收，而是通过刺激肠壁、增加肠蠕动及吸收水分来保持肠道润滑，改善便秘。此外，苹果果胶吸水膨胀后具有黏稠的特性，可吸附和包裹肠道内的代谢废物，促进体内有害物质及毒素的排出。摄入能够产生黏性和膨胀效果的苹果果胶后，人们会产生饱腹感，对于减肥也有较好的功效（王旭峰，2016）。

四、苹果中生物活性物质的作用

苹果的营养价值与保健功效为人所称赞。鲜苹果的含水量可达 85%，且含丰富的碳水化合物、维生素、微量元素以及其他生物活性物质，营养全面、易吸收，适宜人群较广。

苹果含丰富的水溶性膳食纤维——果胶，此类物质有助于肠胃蠕动，可保护肠壁，消除肠内有害菌，防治便秘；同时可减少血液中的胆固醇含量，增加胆汁分泌和增强胆汁酸功能，因此可避免胆固醇沉淀在胆汁中形成胆结石。

苹果的酸味源于其所含的苹果酸、柠檬酸、酒石酸等有机酸，这些有机酸能够提高胃液的分泌水平，促进消化的同时和果糖及葡萄糖互相合作，发挥消除疲劳、稳定精神的功效。

苹果中的钾含量丰富，可用于防治高血压。因中国人的饮食中盐分摄入严重超量，体内钠、水潴留，易促发高血压。钾可使高血压患者体内的钠从肾脏中的排出量增加，使细胞中钠的含量降低，从而降低血压。钾还能扩张血管，和果胶共同作用能够预防代谢综合征。

苹果富含糖、维生素、矿物质等大脑必需的营养元素，特别是富含与记忆力息息相关且核酸和蛋白质所必需的锌元素。因此，苹果也被称为“智慧果”，对提高记忆力有较好的功效。

苹果中富含酚类物质，例如花色苷类、黄酮类物质等，具有抗氧化、抗癌、抗衰老、预防心脑血管疾病等多种功能。

五、苹果功能性食品

苹果功能性食品大体可分为 3 类。

1. 苹果果胶

苹果果胶常用作商业凝胶剂和稳定剂，用于生产果酱、果冻以及低热量的脂肪类代替品等。此外，苹果果胶也可加工为膳食补充剂，对果蔬摄入不足的人群而言，该补充方式更高效、更便捷，摄入量也更充足。

2. 苹果果醋

苹果果醋指以苹果汁发酵而成的醋，再兑以苹果汁等原料制成的饮品。苹果果醋多由鲜苹果汁或浓缩苹果汁二次发酵而来，含有苹果的丰富营养成分，如果胶、维生素、有机酸等，是一种健康的饮品。

3. 苹果多酚提取物

由于苹果多酚具有预防高血压、抗肿瘤、抗衰老等多种保健功能，故可用于功能性食品的开发生产，满足消费者对食品保健功能的需求。此外，苹果多酚提取物也可作为食品添加剂，在水果、蔬菜、饮料中应用以达到防腐保鲜的目的。

第二节　柑　橘

一、柑橘概况

柑橘（*Citrus reticulata* Blanco），为芸香科柑橘属的植物，是世界上分布范围最广的果树之一，亦是深受消费者喜爱的园艺产品。柑橘果实多成熟于秋冬季节，但随着柑橘栽培品种多样性的发展，目前亦有‘茂谷柑’‘沃柑’等春季收获品种及‘夏橙’等夏季收获品种。

4.2　视频：柑橘

二、柑橘的起源和品种

中国是世界上栽培柑橘历史最久的国家，迄今已有4000多年的历史。早在《尚书·禹贡》中就有“厥包橘、柚，锡贡”的记载，表明于公元前21世纪左右的夏禹时代便已有了柑橘的栽培。屈原的《九章·橘颂》中讲述了柑橘生长于南国。宋代韩彦直所著的《橘录》是世界上第一部柑橘专著，成书于1178年，记载了浙江温州的27个柑橘品种，介绍了柑橘的繁殖技术、栽培技术、病虫防治、采收方法、贮藏方式和加工手段等。

柑橘起源于约800万年前的喜马拉雅山区域，其中我国云南的西南部、印度的阿萨姆地区是起源的中心。我国作为柑橘的起源中心之一，具有丰富的柑橘种质资源，被称为“世界柑橘资源的宝库”。我国的柑橘品种主要分为宽皮柑橘、甜橙、酸橙、柚、杂柑、枸橼、柠檬、枳和金柑等。

三、柑橘果实的生物活性与功能

柑橘是一种具有多种生物活性的水果。大家所熟知的柑橘与坏血病的故事就是柑橘保健功能的重要体现。坏血病曾是严重威胁人类健康的一种疾病，特别是对远航海员来说，有着“海上凶神”之称。哥伦布和麦哲伦的船队在航海过程中都深受坏血病的困扰，得病的船员会牙齿流血，容易生病，严重时甚至会丧命。直到18世纪，一位名叫林特的船医发现，食用含有新鲜蔬果食物的船员不会得坏血病，于是他买了柳橙和柠檬来治疗坏血病患者，效果非常明显。之后他又将患者分为2组，让其中一组补充柑橘类水果，结果这一组患者的症状也得到了明显改善。现在我们已经知道，柑橘具有抗坏血病的功能主要因为其含有丰富的维生素C，而目前人们已经可以从新鲜果蔬中摄取到足够的维生素C，坏血病也逐步被人类所战胜。柑橘果实作为一种天然抗氧化剂被广泛食用。除具有抗氧化作用外，柑橘还具有较多生物活性功能，如抑制肿瘤细胞生长、调节血糖血脂、改善心血管功能等。在柑橘中，有一类独特的黄酮类化合物——多甲氧基黄酮。多甲氧基黄酮含有较多的甲氧基，脂溶性较好，故易穿透细胞膜进入细胞。相关研究表明，含多甲氧基黄酮成分较多的柑橘品种的提取物对胃癌细胞的抑制作用较好；且在相同剂量下，多甲氧基黄酮对正常细胞的抑制作用小于对癌细胞的抑制作用。

四、柑橘果实中的活性成分

柑橘果实中的活性成分主要包括黄酮类化合物、柠檬苦素类化合物、类胡萝卜素、维生素 C、香精油、果胶等（季诗誉，2019）。柑橘中活性成分的种类非常复杂，且具有组织特异性及品种特异性。

1. 黄酮类化合物

黄酮类化合物是由 2 个苯环（A环、B环）通过三碳链（C环）相互连接而成的一系列天然酚类化合物，大多具有 C_6-C_3-C_6 的基本骨架。

根据黄酮类化合物的基本分子结构及组成，大致可将其分为以下 6 类：黄酮、黄烷酮、黄酮醇、异黄酮、花青素和黄烷醇（图 2.5.4）。柑橘黄酮类化合物种类繁杂，其中，黄酮骨架上不同甲氧基、配糖体以及羟基等取代基的不同组合方式是其种类多样的主要原因。

柑橘中的黄酮类化合物主要存在于果皮中，其中脂溶性较好的多甲氧基黄酮类多存在于柑橘的油胞层中，而白皮层中黄烷酮的含量较高。

2. 柠檬苦素

柠檬苦素（图 4.2.1）是含呋喃环的三萜类化合物，是柑橘类水果呈现苦味的主要原因。

柑橘中的柠檬苦素类化合物主要分为 3 类：柠檬苦素苷元类、降解型柠檬苦素类和糖苷型柠檬苦素。柠檬苦素类化合物在柑橘果实中以种子中的含量最高，其次为果皮，果肉中的最低。

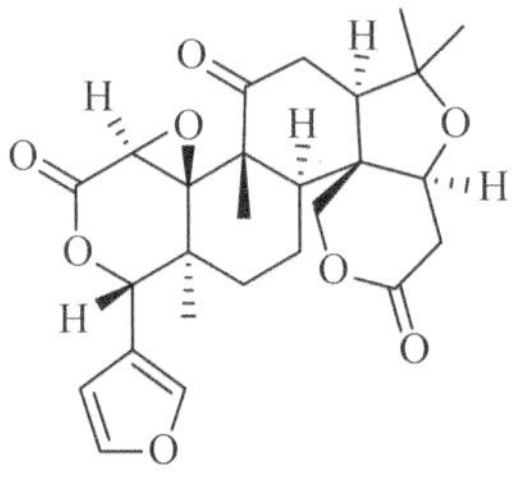

图4.2.1　柠檬苦素的结构

3. 类胡萝卜素

类胡萝卜素是一类由多个碳原子组成，含有异戊二烯结构的多种脂溶性植物色素的总称，是柑橘呈现橘黄色的原因。

根据结构不同，类胡萝卜素可分成结构为共轭多烯烃的胡萝卜素类和结构为共轭多烯烃的含氧衍生物的叶黄素类（图 4.2.2）。类胡萝卜素主要存在于柑橘果皮的油胞层和柑橘果肉的汁胞中。

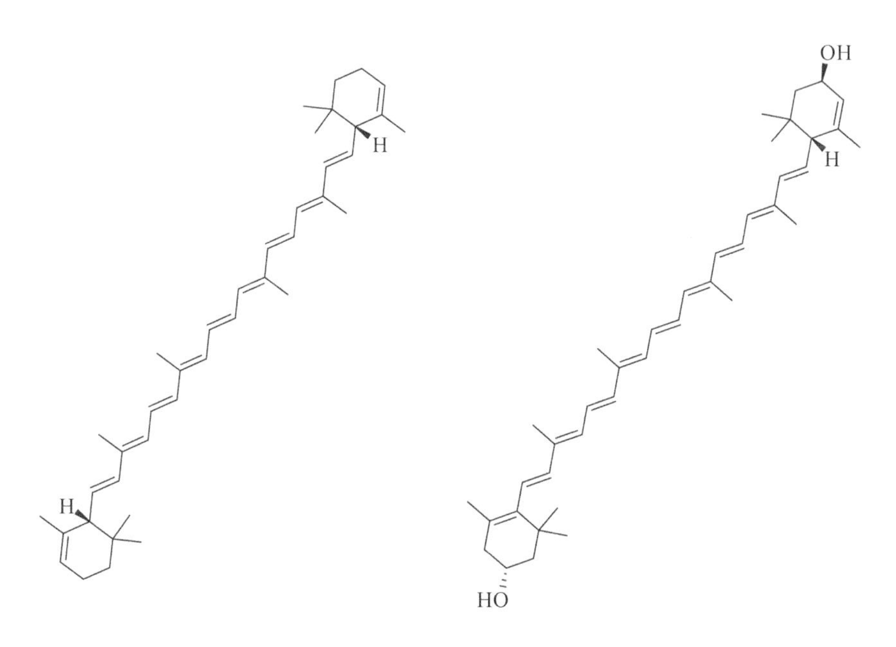

图4.2.2　胡萝卜素（左）和叶黄素（右）的结构

五、柑橘作为功能性园艺产品的应用

陈皮，为芸香科植物橘及其栽培变种的干燥成熟果皮，根据其制作的柑橘种类和地理分布，可分为广陈皮（‘茶枝柑’）、浙陈皮（‘椪柑’）和川陈皮（‘川红橘’）。陈皮的制作需经过“九蒸九晒”，以去除柑橘精油等“辛辣”成分。陈皮有祛痰、止咳、助消化等功效，且现代研究证明，陈皮的主效成分为黄酮类化合物，尤以多甲氧基黄酮为主。

化橘红由‘化州柚’的幼果制干而成，主产自广东省化州地区。化橘红具有健胃行气、化痰止咳等功效，尤对咽喉炎症具有较好疗效。现代研究证明，化橘红的主效成分为二氢黄酮和柚皮苷。

第三节 葡 萄

一、葡萄概况

葡萄（*Vitis vinifera* L.），为葡萄科葡萄属的木质藤本植物。葡萄科在植物分类学上属被子植物门、双子叶植物纲、蔷薇亚纲、鼠李目。

4.3 视频：葡萄

二、葡萄的起源

人类栽培和利用葡萄的历史悠久。据史料记载，葡萄的发源地为黑海和地中海沿岸各地。我国亦是葡萄科植物起源地之一。欧洲和亚洲栽培葡萄的历史始于约 2000 年前的汉武帝时代，张骞出使西域从大宛（今乌兹别克斯坦的塔什干地区）带回葡萄并栽种。1840 年以后，西方传教士从欧洲带来一些酿酒品种。19 世纪末（1892 年），山东烟台葡萄酒酿酒公司引入大量酿酒葡萄品种。20 世纪 50 年代初，我国的葡萄种植面积少于 10 万亩（1 亩=666.7m^2）。20 世纪 50—60 年代，我国出现了一个葡萄栽植高潮，引进了一大批东欧及西欧的酿酒葡萄品种。从 20 世纪 50 年代开始，以北京植物园和山东葡萄试验站为主的科研单位开始了葡萄的杂交育种研究工作，选育出了‘北醇’‘北玫’和‘北红’等一系列葡萄品种。自 2001 年以来，在亚洲特别是中国，葡萄的栽培面积增长已成为世界葡萄栽培面积增长的主要原因（成冰，2014）。

三、葡萄的分类和常见品种

葡萄属可分为 2 个亚属，即真葡萄亚属和麝香葡萄亚属。真葡萄亚属包括 68 个种，麝香葡萄亚属包括 3 个种。我国约有 30 种葡萄属植物。

真葡萄亚属根据地理分布的不同，可分为 3 个种群：欧亚种群、东亚种群、北美种群。欧亚种群目前仅存留 1 个种，即欧亚种葡萄或欧洲葡萄，为栽培价值最高的种，其拥有 5000 个以上的优良品种，广泛分布于世界各地。东亚种群包括 39 个种，中国约有 30 种，主要用作砧木、观赏或育种材料，较重要的东亚种有山葡萄、葛藟葡萄、网脉葡萄、华叶葡萄、毛葡萄、毛叶葡萄、秋葡萄、刺葡萄和复叶葡萄等。北美种群包括 28 个种，具有较高的抗逆性，可在栽培和育种中加以利用，主要品种有美洲葡萄、心叶葡萄、掌叶葡萄、山平氏葡萄、沙地葡萄和夏葡萄等。

麝香葡萄亚属植物在形态结构上与真葡萄亚属有显著区别，前者主要生长于北美热带和亚热带森林中，对真菌病害和线虫具有高度抗性，可用于与其他葡萄杂交以培育优良抗性材料，包括圆叶葡萄、鸟葡萄和墨西哥葡萄等。

葡萄鲜食价值较高，还可以酿酒、制干、制汁、制酱等。根据用途不同，人们选育了各种各样的葡萄品种以满足不同需求。

1. 鲜食葡萄

一般要求外表美观，大而均匀，果皮韧，果肉紧厚，脆而多汁，汁液味美，甜而不腻，耐贮藏运输，无籽等，常见的有‘玫瑰香’‘巨峰’‘藤稔’‘红地球’等葡萄品种。

2. 酿酒葡萄

果粒小而紧凑，出汁率高，糖度高，酸度适中，香气和谐平衡，常见的有‘赤霞珠’‘黑比诺’‘霞多丽’‘雷司令’等葡萄品种。

3. 制干葡萄

果实含糖量高，含酸量低，果肉硬，含水少。干燥后果肉柔软，色泽均匀，皱纹细密，例如‘无核白’‘红宝石’‘无核红’等葡萄品种。

4. 制汁葡萄

出汁率高，糖酸适中，有一定香味，颜色鲜艳，抗氧化能力强，保存后风味不变，例如‘康可’‘蜜而紫’‘玫瑰露’等葡萄品种。

四、葡萄果实中的活性成分及其功能

在前面的章节中提及过“法国悖论”（French Paradox），这一发现激起了世界红酒热，葡萄及葡萄酒的保健功能亦引起了人们的研究兴趣。

葡萄中主要的生物活性物质包括多糖、维生素、酚类物质、挥发性酯类、挥发性醛类和萜烯类化合物。葡萄中的多糖主要为果胶和原果胶，以及少量的树胶。葡萄中含较多维生素 C，还含有 11 种 B 族维生素。葡萄中的酚类物质包括酚酸、黄酮醇、花色素、儿茶素、原花色素和单宁。白藜芦醇，又名芪三酚，也属酚类化合物。葡萄中含有的挥发性香气物质包括芳香类化合物，如水杨酸甲酯、氨茴酸甲酯、香兰素等；挥发性酯类，如甲酸乙酯、乙酸乙酯、异戊基等；挥发性醛类，如苯甲醛、乙醛、肉桂醛等；萜烯类化合物，如香茅醇、橙花醇、里那醇等。

下面对几种酚类物质进行详细说明。

1. 黄酮类化合物

黄酮类化合物包括黄酮醇和花色素。葡萄中主要的黄酮醇为槲皮素和杨梅素。花色素通常不太稳定，在葡萄中主要以糖苷形式即花色苷存在，其结构是在花色素的 3 位或 5 位上结合糖苷或其他基团（主要为葡萄糖基团）。花色苷包括槲皮素、杨梅素、矢车菊素（图 4.3.1）、芍药素、飞燕草素、矮牵牛素和锦葵素等。

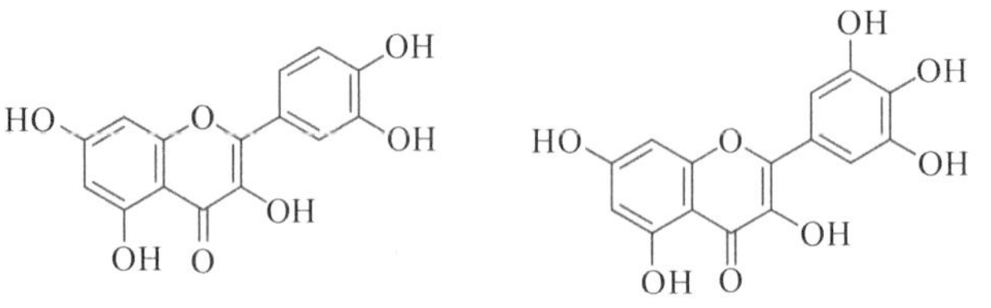

槲皮素　　杨梅素　　矢车菊素

图4.3.1　部分花色苷的结构

黄酮类化合物不仅具有广泛的生物活性和重要的药用价值，而且可作为食品、化妆品的天然添加剂。已有研究表明，黄酮类化合物在防治心脑血管疾病方面有重要作用，如可以抗脑缺血、抗心肌缺血、缓解心绞痛、预防动脉粥样硬化等；同时具有肝保护作用，可治疗肝炎、肝硬化等；另外，还具有抗肿瘤、抗氧化、抗炎、调节激素、抗病毒等功效。

2. 原花色素和单宁

原花色素和单宁（图 4.3.2）均属于聚合多酚。儿茶素是缩合单宁的前体。原花色素是花色素的隐色化合物，通过 C—C 键开裂可以形成花色素。天然存在的原花色素主要为原矢车菊素。原花色素和单宁是葡萄籽及果皮中主要的酚类物质，具有涩味和收敛性，还具有多种独特的生物活性，如抗病毒、抗肿瘤、抗癌变、降血脂、降血压和降低细胞周期阻滞活性等功效。

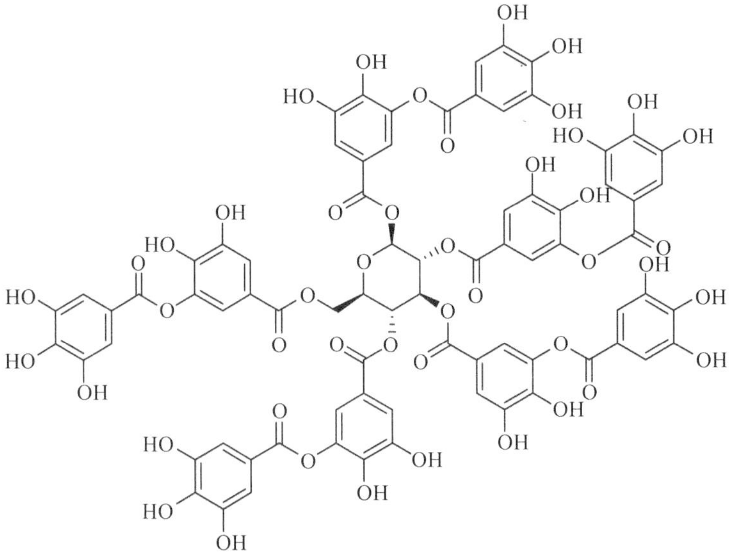

图4.3.2　单宁的结构

3. 白藜芦醇

白藜芦醇（图 4.3.3）是二苯乙烯化合物的一种，在葡萄树体及叶中存在较多。白藜芦醇在植物生理中的作用是作为植物补体，防止葡萄受霉菌侵害。目前，有关白藜芦醇的生理功能研究取得了一些进展，主要有阻碍低密度脂蛋白的氧化、降低血液中的胆固醇、抑制血小板凝集、预防血栓、抑制癌症和炎症等功效（成宇峰，2008）。

图4.3.3　白藜芦醇的结构

五、葡萄果实开发的功能性食品

与葡萄果实相关的功能性食品主要有葡萄酒、葡萄干、葡萄籽萃取物制胶囊等。原花青素胶囊、白藜芦醇胶囊等可作为保健品和口服化妆品。

第四节　杨　梅

一、杨梅概况

杨梅（*Myricarubra* Sieb. et Zucc.），为杨梅科杨梅属植物，古称“机子”“朱梅”“树梅”等，因其形如水杨，而味似梅，故称杨梅。杨梅原产于中国浙江余姚，栽培历史悠久，是中国的特色果树，主要分布于长江流域以南各地，主产区包括浙江、江苏、福建等省。近些年因其高经济附加值，四川、云南、贵州等省也开始发展杨梅果树产业。

4.4　视频：杨梅

杨梅果实成熟于 5 月下旬至 7 月初，成熟果实颜色艳丽，富含糖、酸、花色苷、维生素和矿质元素等，风味浓郁，营养丰富，有和胃止呕、生津止渴、祛暑解闷等功效。《本草纲目》记载：“杨梅可止渴、和五脏、能涤肠胃、除烦愦恶气。”杨梅被我国园艺学科奠基人吴耕民先生誉为“江南珍果”（黄慧中等，2013）。

二、杨梅的生物活性物质与功能

杨梅树周身是宝，树皮、树叶、果实均有不同的营养保健功效，如抗氧化、止泻、抑菌、抗癌、抗糖尿病、抗过敏、抗炎症、抗病毒等。

1. 抗氧化活性

现代营养学研究表明，抗氧化是预防癌症和心血管疾病等诸多慢性疾病的重要手段。杨梅果实提取物具有高抗氧化活性，且颜色越深的品种其抗氧化活性越高，如深红品种（'荸荠'）的抗氧化能力强于粉红品种（'粉红'）和白色品种（'水晶'）。且研究表明，杨梅抗氧化活性与果实中总酚、总黄酮、总花色苷含量呈显著正相关，而果实颜色深浅主要由花色苷的种类及含量决定，所以深色品种表现出更强的抗氧化活性（图4.4.1）。矢车菊素-3-*O*-葡萄糖苷（C3G）是杨梅果实中主要的花色苷。

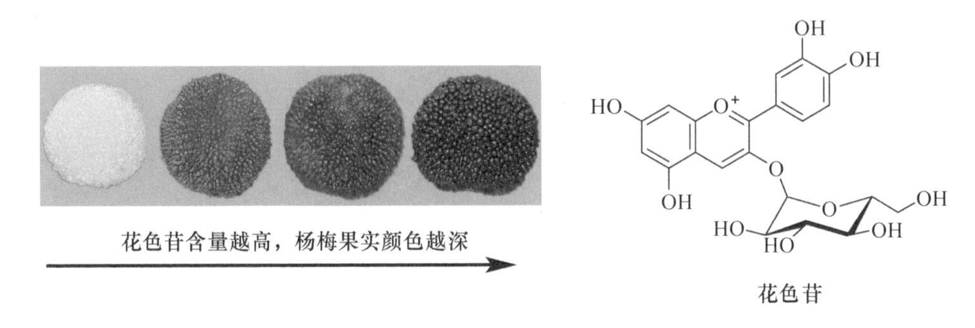

图4.4.1　花色苷含量决定杨梅果实颜色的深浅

杨梅果实中也富含黄酮醇类物质，如杨梅素糖苷、槲皮素糖苷等。

杨梅叶和树皮提取物也具有显著的抗氧化活性及自由基清除能力。叶和树皮主要含有没食子酸等酚酸类物质和杨梅素糖苷等黄酮醇类物质。

2. 抑菌活性

据中医记载，杨梅具有止泻和治疗霍乱等功效。相关研究表明，杨梅果实提取物可抑制革兰阴性菌霍乱弧菌的生长，并且不会抑制肠道正常菌群的生长。另有研究结果表明，杨梅果实提取物可显著抑制沙门氏菌等细菌的生长，C3G、杨梅酮、槲皮素、槲皮素-3-葡萄糖苷等黄酮类化合物是杨梅果实重要的抑菌活性物质。

3. 抗肿瘤活性

现代医药学研究发现，杨梅果树多种组织提取物均具有显著的抗肿瘤活性。果实C3G提取物可以显著抑制胃癌细胞的增殖；叶提取物可显著抑制人宫颈癌细胞和小鼠白血病细胞的增殖；树皮提取物可显著抑制人乳腺癌细胞、肺癌细胞、神经瘤细胞和小鼠黑色素瘤细胞的增殖。利用杨梅素单体研究其抗癌活性发现，杨梅素可显著抑制UV-B诱导的裸鼠皮肤癌的发生，还可显著抑制裸鼠胰腺肿瘤的生长。故杨梅素可能是杨梅叶或树皮中发挥抗癌作用的重要活性物质。

4. 抗糖尿病活性

利用 STZ 诱导的 1 型糖尿病小鼠模型，研究发现杨梅果实提取物可显著降低糖尿病小鼠的血糖水平，并能提高其口服葡萄糖耐量。该研究认为，杨梅提取物可以保护胰岛细胞，诱导与胰岛素分泌相关的基因和蛋白的表达。利用 2 型糖尿病小鼠模型，研究发现用杨梅果实提取物饲喂 KK-A^y 糖尿病小鼠 5 周，能够显著降低小鼠的空腹血糖水平，提高其口服糖耐量和胰岛素敏感性，并显著降低小鼠的血清总胆固醇、三酰甘油、低密度脂蛋白水平等，缓解糖尿病小鼠的其他并发症状。此外，利用 HepG2 细胞模型，研究不同品种杨梅果实酚类物质提取物促进葡萄糖消耗的活性发现，‘炭梅’‘荸荠’‘慈荠’等杨梅品种的果实提取物促进细胞葡萄糖消耗的活性较强，这与这些杨梅品种含有较高的花色苷和槲皮素糖苷呈显著正相关关系。

通过固相萃取柱对杨梅果实酚类提取物进行分类，其可分为富含花色苷和富含黄酮醇的 2 个组分。其中，富含黄酮醇的组分对 α-葡萄糖苷酶具有较高的抑制活性，具有较大的潜在应用价值。

三、影响杨梅营养保健作用的因素

果实的营养保健品质是由其含有的活性物质种类与含量决定的，故任何能影响活性物质积累的因素均能影响果实的营养品质。不同品种、不同发育阶段、不同组织部位、不同栽培环境下，杨梅的活性物质组成存在较大差异。

1. 品种（遗传因素）

目前已知，颜色越深的杨梅品种的抗氧化活性越高，即杨梅果实的抗氧化活性与其花色苷含量呈显著正相关（图 4.4.2）。

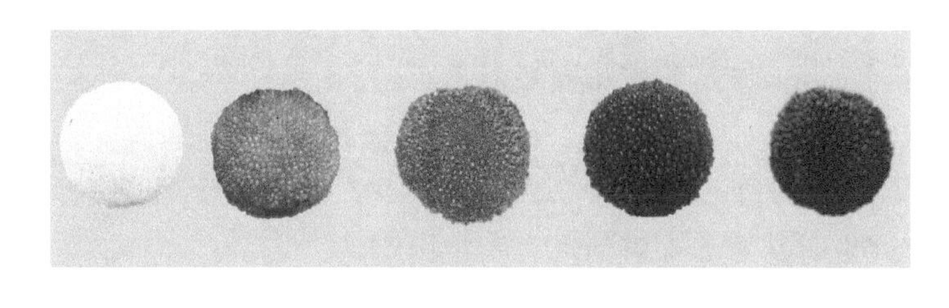

随着杨梅果实颜色加深，其抗氧化活性逐渐升高

图4.4.2　杨梅果实颜色与抗氧化活性的关系

2. 发育阶段

对不同发育阶段的杨梅果实（图 4.4.3）进行活性物质含量的研究发现，幼果期和

膨大期的果实中酚类物质含量高于成熟期果实中的，这使得每年大量杨梅疏果成为酚类物质提取的优质原材料，杨梅幼果的药用价值也有待开发。

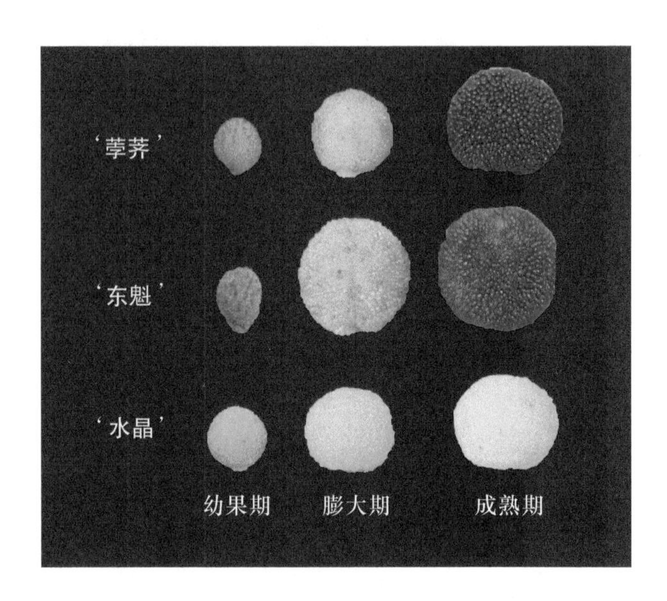

图4.4.3　不同发育阶段的杨梅果实

3. 不同组织部位

除果实外，对杨梅其他非可食性部位的生物活性进行研究，结果表明，树皮和叶中也含丰富的酚类物质，并已成为中药研究的重要对象。

4. 栽培管理与环境

对于同一杨梅品种，不同的树体修剪方式，是否进行避雨栽培、促成栽培等不同的栽培管理措施，或者种植于不同的海拔和纬度地区，受到不同的光照、温度、湿度等环境因素的影响，其活性物质含量差异显著。

5. 采后贮藏与加工

除鲜食外，杨梅还可加工成果酱、果汁、杨梅酒、杨梅干、杨梅罐头等食品和饮品。杨梅采后加工方式也对其营养保健活性有一定影响。

四、杨梅功能性研究展望

杨梅作为江南特色水果，其丰富的营养价值和保健功效正逐渐为人们所知。近 10 年来，我国杨梅鲜果及其加工产品远销新加坡、法国、俄罗斯等市场，具高经济附加值。

作为果中珍品，现代营养学的研究必将赋予“江南珍果”—— 杨梅更独特的魅力。

第五节　枇　杷

一、枇杷概况

4.5　视频：枇杷

枇杷［*Eriobotrya japonica*（Thunb.）Lindl.］是原产于我国的亚热带果树，为蔷薇科枇杷属，先后被引种到日本、印度、土耳其、西班牙、以色列、美国等国家。

福建、浙江、江苏、四川等省为我国枇杷主产区。枇杷为常绿小乔木，其叶厚且为深绿色，背面有绒毛，树冠呈圆状，树高3～4m。现今将枇杷树作为景观树种的应用也愈来愈广泛。

枇杷秋日养蕾，冬季开花，春来结子，初夏果实成熟，故果实发育吸收了春、夏、秋、冬四季的雨露，为“果中独备四时之气者”。果实外形美观，果肉柔软多汁，酸甜适中，味道鲜美，具有良好的营养保健作用。

二、枇杷的生物活性与功能

枇杷的果实、叶、花、核均具有较高的医用价值。《本草纲目》记载：枇杷能润五脏，滋心肺。

枇杷果实具有润肺、清热、止咳、健胃之功效。枇杷叶具有清肺、和胃、下气、降火、化痰、止咳之功效，可用于治疗肠胃疾病、慢性支气管炎、哮喘。枇杷花含有三萜皂苷等药用成分，具有化痰、止咳、治头痛、治伤风和抗衰老的功效。枇杷核亦是常用的中药材，用于治疗疝气，消除水肿（张文娜等，2013）。

1. 消炎

已有研究证明，枇杷具有消炎作用，且发现其中的三萜烯酸类对消炎起着重要作用，而熊果酸（ursolic acid，UA）（图4.5.1）的效果尤为显著。最新的研究证实，枇杷叶中的正丁醇提取物通过抑制一氧化氮（NO）等炎症介质的水平，从而降低炎症的发生。此外，利用小鼠腹膜巨噬细胞模型，发现在炎症发生前用枇杷果汁处理细胞，可显著降低炎症的发生率，表明枇杷果实亦有抑制炎症活性的功效，可以用于慢性支气管炎等相关疾病的辅助治疗。以上研究为证明枇杷膏可用于治疗咳嗽、哮喘、慢性支气管炎等提供了有力依据。

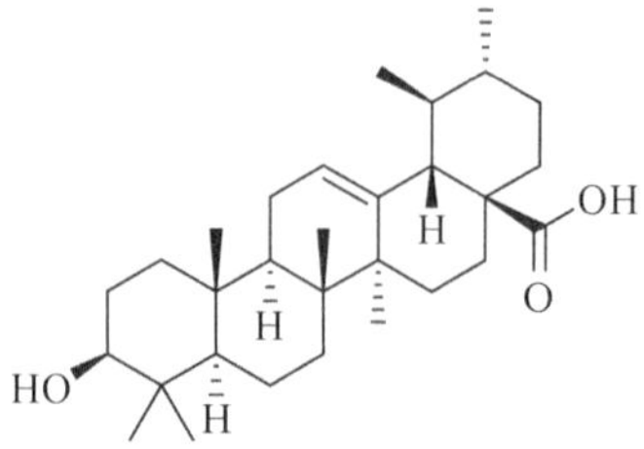

图4.5.1　熊果酸的结构

2. 抗氧化

抗氧化对于许多疾病的预防和治疗都有重要意义。研究表明，枇杷果实、叶、花提取物具有较强的自由基清除活性，枇杷核提取物可抑制亚油酸和低密度脂蛋白的氧化。

枇杷中主要的抗氧化物质有绿原酸、表儿茶素、表没食子儿茶素没食子酸酯、原花青素 B_2（图 4.5.2）以及多种花色苷和黄酮等酚类物质。

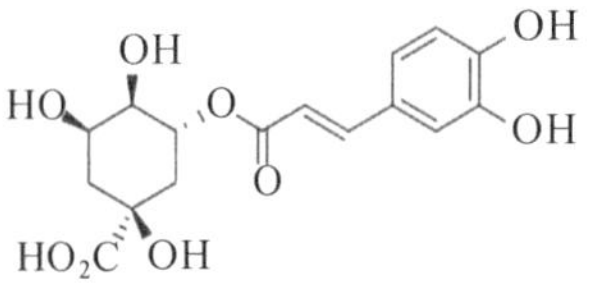

绿原酸 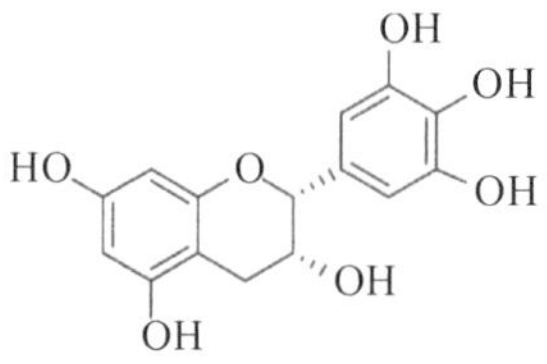　　表儿茶素

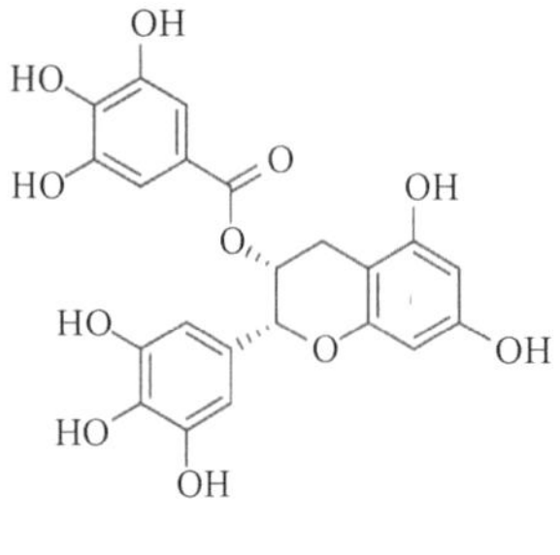

表没食子儿茶素没食子酸酯 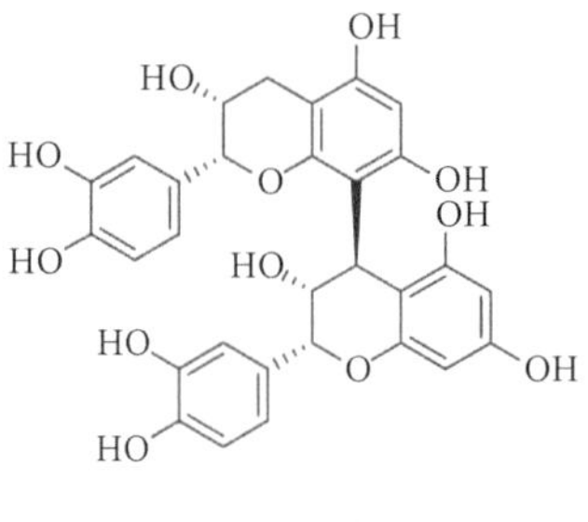　　原花青素B_2

图4.5.2　枇杷中主要抗氧化物质的结构

3. 抗肿瘤

枇杷提取物对多种肿瘤细胞具有抑制增殖的作用。枇杷叶提取物可有效抑制乳腺癌细胞、黑色素瘤细胞和纤维肉瘤细胞的增殖、转移和入侵；枇杷核提取物对乳腺癌

细胞也表现出类似的抑制活性。

从枇杷叶中提取出的熊果酸（UA）和齐墩果酸（oleanolic acid，OA）（图 4.5.3）可抑制白血病细胞的增殖，被认为是枇杷发挥抗癌活性的重要化合物。此外，枇杷中的原花青素B_2等多酚可以抑制多种肿瘤细胞的增殖。

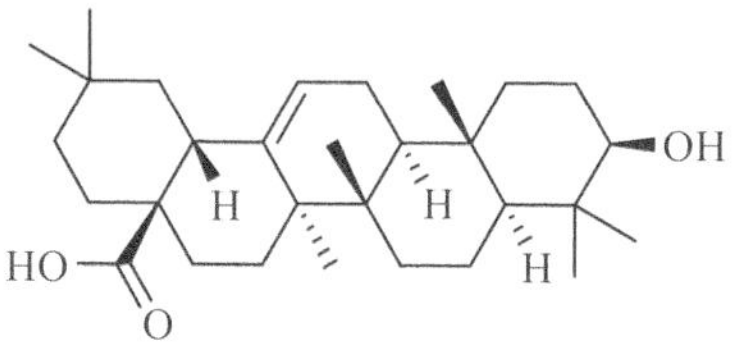

图4.5.3　齐墩果酸的结构

4. 抗糖尿病

枇杷提取物对糖尿病有较好的辅助治疗效果。枇杷核中的乙醇提取物可有效抑制 2 型糖尿病小鼠血糖水平的升高，提高其糖耐量；枇杷叶中的黄酮提取物在 STZ 诱导的糖尿病小鼠中表现出显著降糖活性，它可降低小鼠糖化血清蛋白、总胆固醇、三酰甘油等的含量，提高 SOD 和血清胰岛素水平，表明枇杷叶提取物不仅可以降低血糖，还可以减小糖尿病引起的氧化伤害，有效控制脂质代谢紊乱等糖尿病并发症的发生。

除上述活性外，不同部位的枇杷提取物还有止痛、保护神经、抗突变、保肝等活性。

三、枇杷中的活性物质

枇杷富含人体所需要的多种营养成分，包括有机酸、矿物质、维生素、挥发油、萜类化合物、酚类物质、皂苷类化合物等。

按果肉颜色，枇杷可分为白肉枇杷和红肉枇杷。果肉颜色的不同主要是由类胡萝卜素积累差异所致：红肉品种含较多的类胡萝卜素，白肉品种中类胡萝卜素含量则普遍较低。枇杷果实中也含有种类丰富的酚类物质：果皮中主要含有羟基肉桂酸、黄酮醇、黄烷酮等物质；果肉中以酚酸类物质为主，包括羟基苯甲酸衍生物及羟基肉桂酸衍生物，如绿原酸、对香豆酸、阿魏酸等；枇杷叶以羟基肉桂酸、黄酮醇、黄烷酮、黄烷醇等物质为主；枇杷果核以羟基苯甲酸、羟基肉桂酸和黄烷醇等物质为主。

枇杷还富含 OA 和 UA 等五环三萜类化合物，主要积累在叶、花和果皮中。

四、影响枇杷营养品质的因素

与枇杷营养保健相关的活性物质积累受遗传、环境等诸多因素影响。不同品种、不同组织部位、不同发育阶段、不同栽培环境和不同采后处理条件下，枇杷的活性物质组成差异显著。

1. 遗传因素

通过上文可知，不同品种如红肉品种和白肉品种枇杷果实，在积累类胡萝卜素、酚类物质、三萜类物质等方面均显著不同。

2. 组织部位及发育阶段

枇杷叶、花、果实间活性物质含量差异显著。枇杷叶中酚类物质含量高于枇杷果实中的，果皮中酚类物质含量高于果肉中的，枇杷花瓣中酚类物质含量高于雄蕊、雌蕊或萼片中的，果皮中 OA 和 UA 含量高于果肉和果核中的。在果实不同发育阶段，类胡萝卜素含量和酚类物质含量变化显著。

3. 环境因素

包括栽培环境和采后贮藏加工对活性物质含量的影响，而露地栽培、盆栽、设施栽培等不同栽培方式对枇杷的活性物质积累均有显著影响。

4. 采后处理

低温贮藏或常温贮藏对枇杷果实活性物质含量有一定影响。此外，枇杷花经微波炉加热、烘箱烘烤、冷冻干燥等不同方法干燥后，其类胡萝卜素和酚类物质含量差异显著。

五、枇杷功能性食品

目前市场上为人所知的枇杷类中成药有枇杷膏、枇杷露等。此外，枇杷花茶、枇杷花露、枇杷花口服液等产品也已有广阔的市场。枇杷功能性食品的开发，不仅满足了人们对保健作用的需求，也可充分利用枇杷资源，为果农就业和增收开辟新途径。

第六节　桃

一、桃概况

桃（*Amygdalus persica* L.）原产于我国，属蔷薇科桃属落叶小乔木，迄今已有 4000 多年的栽培历史。我国是桃产值和消费大国。我国桃的自然地理分布极其广泛，北起吉林省，南至海南省，其中，山东、河北、河南、江苏为主产区。全世界桃品种多达 3000 余个，我国有 1000 多个。按果肉颜色，桃可分为白肉桃、黄肉桃和红肉桃等；按果实质地，桃又可分为硬溶质桃和软溶质桃等，它们在口感、风味和贮运性方面有较大差异。丰富的种质资源既可为桃产业的可持

4.6　视频：桃

续发展提供可靠保证，又可为桃天然产物的研究提供重要基础。

成熟的桃汁多味美，营养丰富，有益颜色、解劳热的功效，能生津、润肠、活血。《日华子诸家本草》中记载，将桃晒成干，经常服用，能起到美容养颜的作用。自古以来，桃就被作为福寿吉祥的象征，人们认为吃桃可以长寿，故桃又有“寿桃”“仙桃”“寿果”的美称（赵晓勇等，2013）。

二、桃的生物活性物质与功能

除了果实，桃的根、叶、树皮、花、种仁均可入药。《本草纲目》《神农本草经》《名医别录》《伤寒论》等药学名著都有对桃药用价值的记载。现代营养学研究也陆续报道了桃不同组织器官的保健功能，如抗氧化、抗肿瘤、抗衰老、抑菌、消炎、抗糖尿病以及减轻化疗引起的肝损伤等。下面对桃的活性功能进行简要介绍。

1. 抗氧化

营养学研究表明，自由基清除等抗氧化过程是预防衰老和许多过氧化相关疾病的重要步骤。目前，常见的抗氧化活性评价方法包括清除自由基、还原金属离子和抑制脂质过氧化等。研究中常采用多种抗氧化模型来准确地评价果实提取物抗氧化能力的强弱。与维生素 C 和类胡萝卜素等抗氧化物质相比，桃果实中酚类物质对其抗氧化能力的贡献更大，酚类物质含量与抗氧化活性呈显著正相关；进一步研究发现，绿原酸（图 4.6.1）是桃果实提取物主要的抗氧化物质。

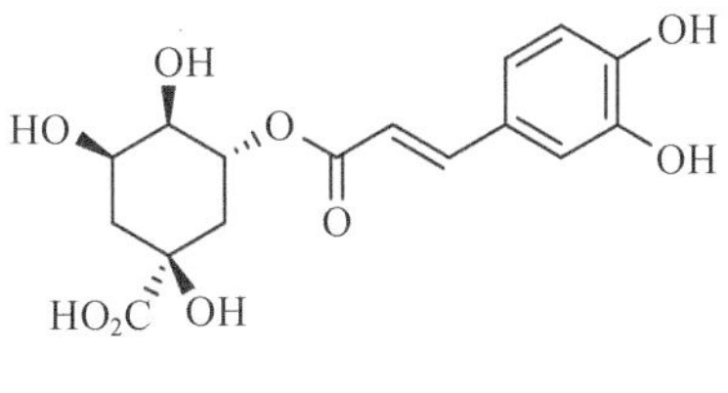

图4.6.1　绿原酸的结构

对 8 个粘核桃品种果实的醇提物开展抑制低密度脂蛋白氧化的研究，发现品种间抗氧化活性差异显著，且果皮的抗氧化活性明显高于果肉。另有研究表明，与品种差异相比，年份、种植地区纬度等因素对其抗氧化能力的影响较小。

利用 1，1–二苯基–2–三硝基苯肼（1，1–diphenyl–2–picrylhydrazyl，DPPH）自由基清除活性等 7 种抗氧化评估模型，分别对桃花醇提物和水提物的抗氧化能力进行测定，结果显示，醇提物的抗氧化能力均强于水提物。该研究揭示了桃花作为天然抗氧化剂原料在食品和化妆品等产业中应用的巨大潜力。

2. 抗癌

桃果实提取物可以抑制人肝癌细胞、结肠癌细胞和乳腺癌细胞的增殖。不同酚类物质抑制乳腺癌细胞 MDA-MB-435 增殖的能力不同，富含绿原酸和新绿原酸的组分抑制乳腺癌细胞恶性增殖的功效较为显著，而且对正常乳腺上皮细胞损伤较小。

不同桃组织提取物表现出了不同的抗肿瘤活性。例如，桃花乙醇提取物可显著抑制紫外诱导引起的豚鼠皮肤红斑，对于预防或辅助治疗皮肤癌具有潜在的应用价值。从桃花提取物中鉴定出了 4 种黄酮醇物质，其中，多花蔷薇苷 B 可能是主要活性成分。

3. 抗衰老

以果蝇为研究模型的试验发现：添加 4%油桃的饲料可以延长果蝇寿命并提高其繁殖能力，这可能是通过降低代谢相关基因和氧化应激反应相关基因的表达，调节果蝇体内葡萄糖代谢，减少氧化胁迫等机制来实现。

小鼠体内的研究显示，与对照组相比，添加 8%油桃或普通桃的小鼠饲料均可诱导肝脏线粒体进行更高水平的 DNA 损伤修复。

利用紫外辐射诱导皮肤衰老的模型研究发现，桃果肉提取物可诱导胶原蛋白表达，从而减缓紫外线诱导的皮肤衰老。此类研究为深入探讨果实延缓衰老和延长寿命提供了前期的研究基础。

4. 减轻化疗引起的肝损伤

化疗药物通常对癌症患者的正常细胞、组织与器官有着严重的毒副作用。研究发现，桃果肉提取物可以显著减轻由化疗药物顺铂引起的小鼠肝毒性，扭转由顺铂引发的血清谷丙转氨酶和谷草转氨酶增加的趋势，较好地维持肝脏质量与功能，同时提高小鼠肝脏还原型谷胱甘肽等的水平，减轻脂质过氧化。

在一项接种了结肠癌细胞的小鼠模型研究中，发现桃果实提取物显著抑制了小鼠血清中尿素氮和肌酸酐浓度的升高，减轻顺铂类化合物对肝脏的功能性损伤及引起的机体氧化胁迫。对这一活性的深入研究，将有助于改善化疗效果和减轻癌症治疗的毒副作用。

5. 抑菌

桃果实富含的绿原酸等酚酸类化合物对采后霉菌的生长有抑制作用。桃叶中的丙酮提取物对尖孢镰刀菌有显著抑制作用，桃树皮中的甲醇提取物对革兰阴性菌和阳性菌均表现出较好的抑制活性。此类工作对于寻找高效、安全的天然植物源抑菌物质具有重要意义。

三、桃的食用指南

不难看出，以上桃提取物的诸多生物活性与其富含的酚类物质有关。目前，已从桃中分离鉴定出 70 多种酚类物质，主要包括羟基肉桂酸、黄烷醇、黄酮醇及其糖苷、花青苷、羟基苯甲酸和黄烷酮等几大类。不同桃组织积累酚类物质的种类和含量差异较大，果实中以绿原酸、新绿原酸、儿茶素、槲皮素糖苷等物质为主；花和叶中以山柰酚和槲皮素糖苷等物质为主。

随着我国经济的不断发展和人民生活水平的提高，饮食的健康和营养显得越发重要。桃富含蛋白质、脂肪、糖、钙、磷、铁和维生素 B、维生素 C 等营养成分，为人们所喜爱。桃除了鲜食，还可加工成别具风味的桃果脯、桃果酱、桃果汁、桃果干和桃肉罐头等制品。正因为桃有这么多的保健功效，所以素有“桃养人”之说。作为我国重要的大众消费水果，桃丰富的营养和保健功能正在逐渐被人们认识。

第七节　山　楂

一、山楂概况

山楂（*Crataegus pinnatifida* Bge.），又名山里红、红果、胭脂果，是蔷薇科山楂属植物，因生于山间、入口化渣而得名。据不完全统计，山楂大约有 1000 种，广泛分布于世界各地，尤其是东亚、欧洲、北美东部等北温带地区。其果实红如玛瑙，光泽艳丽，个头小但营养丰富，食之酸甜，回味无穷（沈燕琳等，2013）。

4.7　视频：山楂

我国山楂栽培已有 1700 多年的历史。山楂素来被认为具有良好的药用价值及保健功效，在药典中被广为记载。清末民初，著名中医张锡纯在我国开创了山楂甘草饮防治心血管疾病的先例。现代医学和营养学研究证明，山楂可以降脂、消食、抗炎、抗肿瘤，尤其在防治心血管疾病方面的药用价值不可小觑，堪称“护心良药”。因此，山楂是药食两用的佳果。

二、山楂的生物活性物质与功能

（一）抗氧化

在对 68 种入药山楂的抗氧化效果进行研究发现，山楂的抗氧化活性仅次于金银花，高于覆盆子、苦橙等。山楂果实醇提物的羟自由基清除能力显著高于维生素 C，因此可保护机体免受自由基的损伤。

另一项研究表明：山楂果实醇提物可通过显著上调小鼠肝脏中超氧化物歧化酶（SOD）、过氧化氢酶（CAT）等蛋白相关基因表达，使小鼠血清、肝脏和脑中的 SOD 等抗氧化酶活性显著上升，丙二醛含量下降。

山楂抗氧化能力在不同组织间存在差异，山楂花、叶的抗氧化能力最高，果皮次之，种核最低（表 4.1）。

表4.1　山楂抗氧化能力在不同组织间的差异

μg/mL

组织	山楂品种	半抑制浓度（IC_{50}）	
		ABTS	DPPH
果皮	‘平邑甜红子’	1.74±0.11	1.89±0.12
	‘西丰红’	2.19±0.09	1.91±0.10
	‘抚顺’	2.28±0.12	2.21±0.08
	‘山里红’	2.13±0.08	2.19±0.22
	‘兴隆紫肉’	2.20±0.06	2.67±0.13
	‘小黄面楂’	2.29±0.03	2.57±0.06
	‘益都小黄’	2.23±0.13	2.71±0.08
果肉	‘抚顺’	1.64±0.03	1.89±0.04
	‘兴隆紫肉’	1.82±0.09	2.04±0.11
	‘小黄面楂’	1.83±0.03	2.23±0.07
	‘益都小黄’	1.97±0.07	2.25±0.07
	‘平邑甜红子’	1.99±0.10	2.28±0.09
	‘西丰红’	2.02±0.09	2.33±0.08
	‘山里红’	2.76±0.04	3.13±0.04

注：ABTS，2, 2'–联氮–双–3–乙基苯并噻唑啉–6–磺酸；DPPH，1, 1–二苯基–2–三硝基苯肼。

原花青素在山楂的抗氧化活性中扮演着重要的角色。利用树脂富集大果山楂果实的原花青素成分，其羟自由基和过氧阴离子的清除能力显著高于维生素 C，抗脂质过氧化能力显著高于维生素 E。

研究表明，在羟自由基清除能力方面，原花青素 C_1 >原花青素 B_2 >表儿茶素>Trolox；而在抗脂质过氧化能力方面，原花青素 C_1 >表儿茶素>Trolox>原花青素 B_2。由此可见，山楂抗氧化能力与其酚类物质，特别是原花青素的组成与含量密切相关。因此，对山楂种质资源的酚类物质进行系统分析和评价，有利于进一步探明酚类物质抗氧化活性的差异及其作用机制。

（二）预防心血管疾病

有研究表明，山楂可有效改善心血管疾病患者症状。在欧美等国家，山楂的原花青素提取物（WS1442）和黄酮提取物（LI123）（图 4.7.1）被广泛用于临床研究，用于辅助治疗充血性心脏衰竭等心血管疾病。中成药益心酮（含山楂的黄酮提取物）等也被用于治疗高血压和高脂血症等心血管疾病，该药物可以抗心绞痛，增加血流量，降低脑卒中发生风险，改善血管功能（沈燕琳，2014）。

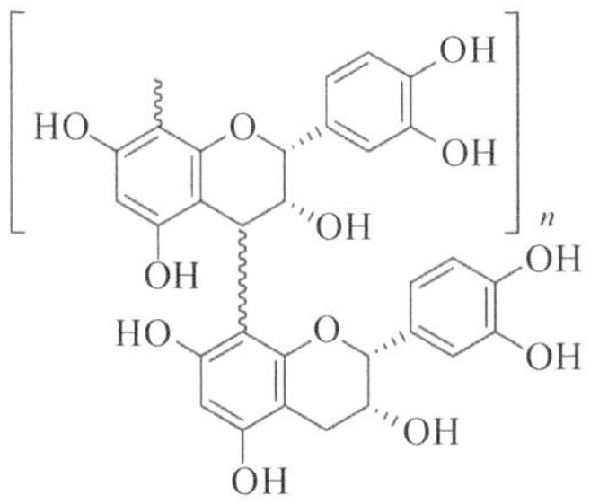

原花青素 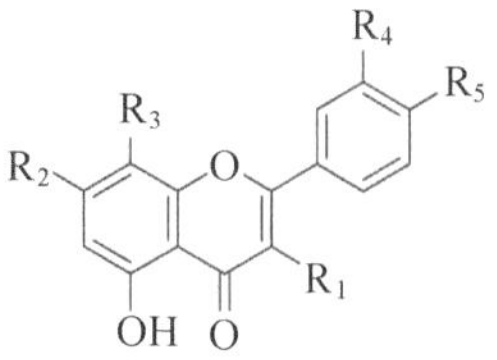　　黄酮

图4.7.1　原花青素和黄酮的结构

目前，山楂在预防和治疗心血管疾病方面的贡献主要有以下几种形式。

1. 降血压

山楂的花、叶和果实提取物都能够通过一氧化氮介导来扩张血管，降低血压。

2. 改善动脉粥样硬化

山楂果实醇提物可抑制铜离子诱导的低密度脂蛋白氧化。这种抑制作用与金丝桃苷、异槲皮素、绿原酸、槲皮素、芦丁、原儿茶酸、原花青素B_2的含量直接相关。山楂的叶和果实提取物能显著降低小鼠血清胆固醇和三酰甘油的含量，起直接或间接的预防动脉粥样硬化的作用。

3. 防止缺血再灌注损伤

缺血再灌注损伤是组织缺血后突然恢复血液供应所引起的损伤，是致死性疾病（如心肌梗死、脑卒中等）发生的主要原因，与自由基的大量产生密切相关。山楂能改善缺血再灌注引起的心肌梗死及脑卒中现象，这归功于其中的原花青素和黄酮，它们能增加超氧阴离子的清除能力，防止细胞外基质蛋白降解，从而保护神经元和血脑屏障的完整。

4. 活血化瘀，增加冠脉血流量

山楂活血的功效在我国古代典籍中曾被多次提到。现代医学也证实，以山楂为主的中成药确实能增加血流量，防止血栓形成。其中，山楂中的原花青素能够增加小鼠主动脉血管的张力，减少血小板的黏附和聚集，减少血液黏块的形成。

5. 强心作用

心肌收缩力受到严重损害时，可引起慢性心力衰竭，此时心脏不能把血液泵至外周部位，无法满足机体代谢需要。国外将山楂富含原花青素的提取物研发成标准制剂，在临床上广泛用于慢性心脏衰竭（NYHA1 ～ 3 级）的辅助治疗，以增强心肌收缩力，可显著提高人体的最大工作负荷和运动耐力，有效缓解疲劳和呼吸短促等症状，降低心率。

目前有关山楂的营养保健研究仅集中于少数品种，缺乏对更多种质资源的开发，而且相关临床活性的作用机制也有待进一步阐明。

三、山楂的食用指南

山楂虽好，却不宜过量鲜食。由于山楂果实中的有机酸含量较高，过量食用会损伤脾胃，并易腐蚀牙齿表层的珐琅质，因此胃酸过多或空腹的人以及正在长牙的儿童应当谨慎食用。此外，山楂也不宜供孕妇食用，避免因山楂刺激子宫收缩而引起流产等风险。高血脂、高血压及冠心病患者每日可取生山楂 15 ～ 30g，水煎代茶饮。血瘀型体质的人则可以饮用山楂红糖饮或山楂甘草茶。当然，将新鲜山楂洗净，与肉食共同烹制，也是相得益彰的菜肴佳品，清新可口，且可消食降脂。

第八节　芒　果

一、芒果的类别及分布

芒果（*Mangifera indica* L.），为漆树科芒果属植物，是著名的热带水果，素有“热带果王”之美誉。芒果是无患子目漆树科的常绿植物，原产于印度，其英文名“mango”来源于泰米尔语，《大唐西域记》中称之为“庵波罗果”，《本草纲目拾遗》中对其有“蜜望子”之称，另有“檬果”“漭果”“望果”“面果”等别称。印度是芒果栽培历史最久且产量最高的国家，印度文化中有许多关于芒果的记载与传说，如在佛教和印度教寺院中常见有清晰的芒果叶、花和果实的图案；芒果花的 5 个花瓣代表爱神卡马德瓦的 5 支箭等。

4.8　视频：芒果

目前，世界上大约有 1000 个芒果品种，大部分果实呈椭圆形、肾形，成熟时果皮和果肉为黄色，且部分品种果皮带有红晕。此外，也有红色和绿色等不同果皮色泽的品种，这大大增加了芒果资源的多样性。

唐代时，芒果从印度被引种到我国，目前我国已成为世界第二大芒果生产国，主要经济栽培地区有广东、广西、海南、云南、福建等省区，主栽品种包括‘紫花芒’‘台农芒’‘金煌芒’‘贵妃芒’等（罗丰雷等，2013）。

二、芒果的营养和活性成分

芒果不仅外形优美，风味香浓，还有很高的营养与药用价值。据中医记载，芒果果实、叶、核等均可入药。《本草纲目拾遗》中有关于芒果止呕、治晕船等功效的记载；《岭南采药录》中记载食用芒果可“益胃生津，止渴降逆”；《食性本草》中云，芒果“主妇人经脉不通，丈夫营卫中血脉不行”；《中药大辞典》中记载芒果叶片可作为中药。此外，《中国药植图鉴》《南宁市药物志》等药典也记录了芒果核消食滞、治疝痛、驱虫等用途以及芒果果皮可利尿、浚下等功效。如今，营养学研究为芒果的各种医药学活性提供了更多的筛选机会与科学解释。

氧化胁迫是许多疾病发生和发展的重要促进因子。天然抗氧化物质对癌症、糖尿病以及心血管疾病等诸多非传染慢性疾病的发生有一定的预防作用。芒果果皮提取物中富含抗氧化成分，具有较高的自由基清除能力。研究表明，芒果果皮提取物可以有效抑制过氧化氢诱导大鼠红细胞产生的氧化溶血、脂质过氧化以及膜蛋白降解。芒果属于低血糖生成指数食物，其 GI 值低于菠萝、番木瓜及全麦面包等食物。动物实验表明，芒果果皮和果肉中的亲水性提取物组分能有效降低高脂饮食小鼠的血脂水平，芒果种仁提取物能有效抑制革兰阳性菌、革兰阴性菌、大肠埃希菌等细菌的生长。

1. 酚类化合物

芒果果皮和果肉中富含酚酸、氧杂蒽酮和黄酮类化合物。其中，没食子酸、鞣花酸、没食子酸丙酯、没食子酸甲酯、苯甲酸、原儿茶酸（图 4.8.1）等是芒果中被报道较多的酚酸类物质。

没食子酸是芒果中重要的酚酸类物质。鞣花酸是没食子酸二聚体的衍生物。没食子酸甲酯和没食子酸丙酯是没食子酸的衍生物。苯甲酸是最简单的芳香羧酸，在芒果树皮中含量较高，其羧基直接键合到苯环上。原儿茶酸是重要的二羟基苯甲酸类化合物。除此之外，芒果中还发现了少量其他的酚酸，如咖啡酸、阿魏酸、肉桂酸等，它们均表现出较强的抗氧化活性。

酚酸
- 没食子酸：芒果中重要的酚酸类物质
- 鞣花酸：没食子酸二聚体的衍生物
- 没食子酸甲酯、没食子酸丙酯：没食子酸的衍生物
- 苯甲酸：最简单的芳香羧酸
- 原儿茶酸：重要的二羟基苯甲酸类化合物

图4.8.1　芒果中的酚酸类物质

芒果中酚酸类物质通常与多元醇（多为葡萄糖）成酯，形成没食子单宁或继续氧化衍生为鞣花单宁等可水解单宁。芒果中鉴定出的水解单宁主要为没食子酸、没食子酸甲酯、间二没食子酸、鞣花酸、β–没食子酸吡喃葡萄糖、α–没食子酸单宁等。水解单宁在体内很容易被酸或酶水解，释放出没食子酸和鞣花酸。

黄酮类化合物主要有儿茶素类化合物、槲皮素及其糖苷、山柰酚、鼠李素、花青苷及其衍生物。儿茶素类包括儿茶素、表儿茶素、表没食子儿茶素、表儿茶素没食子

酸酯、没食子儿茶素。芒果树皮含有较多的儿茶素和表儿茶素，芒果果肉中还含有槲皮素及其糖苷，其中金丝桃苷的含量最高，其次为异槲皮素、番石榴苷（图 4.8.2）、槲皮素苷元；其他黄酮醇糖苷仅有少量存在。红皮芒果中还含有矢车菊素糖苷。这些化合物均具有较高的抗氧化、抗肿瘤以及降血糖活性。

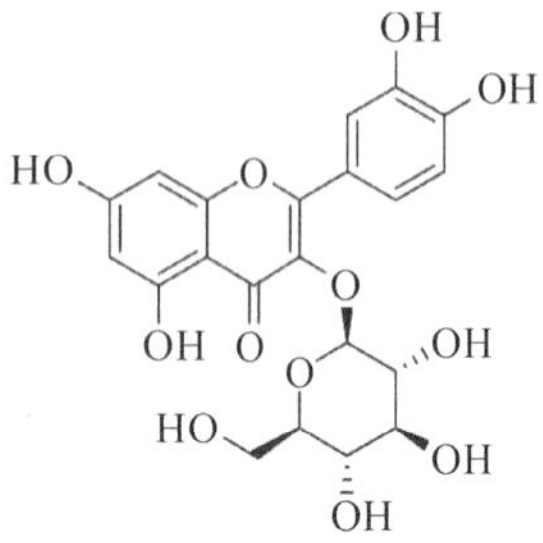

金丝桃苷 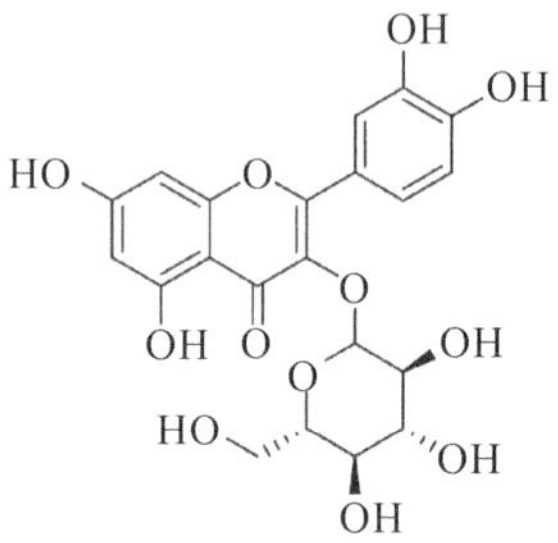　　异槲皮素 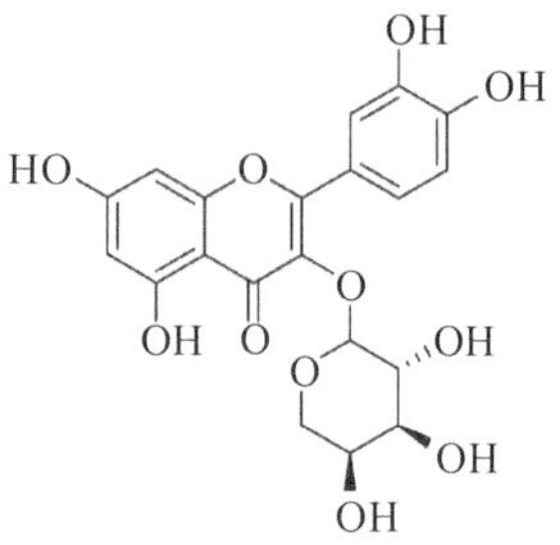　　番石榴苷

图4.8.2　金丝桃苷、异槲皮素和番石榴苷的结构

芒果苷（图 4.8.3）又称 *C*–苷氧杂蒽酮，是芒果果皮和果肉中主要的氧杂蒽酮类物质，广泛分布于高等植物中。报道较多的芒果氧杂蒽酮类物质还包括异芒果苷和高芒果苷。芒果苷和异芒果苷是同分异构体，两者具有相同的母核，差异仅在于糖与母核的连接位置；而高芒果苷是芒果苷的一个羟基被甲氧基取代后得到的产物。异芒果苷与高芒果苷主要存在于芒果叶片和枝条中，其中异芒果苷在一些品种的芒果果实中也有分布。芒果中芒果苷含量因品种、组织、采收阶段、采后处理等因素而异。研究发现，芒果苷对于预防一些与氧化应激胁迫相关的疾病具有一定的潜在效果，同时芒果中的五倍没食子单宁和没食子酸也表现出较强的抑制肿瘤细胞增殖的活性，富含单宁的芒果提取物可能是天然抗肿瘤的良好原材料。

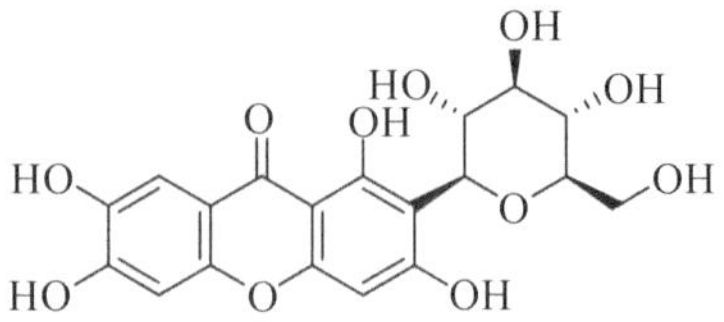

图4.8.3　芒果苷的结构

2. 萜类化合物

芒果中含有大量的萜类化合物，如类胡萝卜素和羽扇豆醇等。

芒果果皮和果肉中含有大量的类胡萝卜素，赋予芒果金黄的色泽。目前，在芒果中鉴定到了至少 25 种类胡萝卜素，包括 β-胡萝卜素、堇菜黄素、新黄素、玉米黄质、叶黄素等。其中，β-胡萝卜素是芒果中最主要的类胡萝卜素成分，占总类胡萝卜素含量的 48% ～ 84%。

研究发现，芒果果肉羽扇豆醇提取物能诱导小鼠前列腺癌细胞的凋亡，它还对致癌物质引起的小鼠染色体断裂和肝脏损伤有一定的修复作用。此外，羽扇豆醇还被报道有消炎、抗肿瘤以及保护神经等生物活性。

三、芒果的食用指南

芒果的营养和功效虽好，但并非人人皆宜。芒果果皮和果肉中含有漆酚等小分子过敏原，以及抑制蛋白、几丁质酶等多种过敏蛋白。过敏体质的人食用芒果数小时至数天后，会出现皮肤发痒、水疱型红疹等症状，严重者还可能出现咳嗽、气喘、呼吸困难、身体瘙痒以及腹部不适等症状，甚至出现休克、威胁生命。

第九节　荔　枝

一、荔枝的类别及分布

荔枝（*Litchi chinensis* Sonn.），为无患子科荔枝属植物，最早称为“离支”，因其“枝弱而蒂牢，不可摘取，必以刀斧劙取其枝”而得名，又因果实成熟时皮为红色，又称“丹荔”。荔枝原产于我国南方，主要分布在广东、广西、福建、海南、台湾等省区，后引种至亚洲、美洲、非洲、大洋洲等的 20 多个国家和地区。我国是荔枝生产大国，种质资源丰富。1996 年，吴淑娴等在调查我国各地的荔枝种质资源后发现，我国荔枝种质多达 220 份。

4.9　视频：荔枝

我国荔枝大部分成熟于 6 —7 月，成熟的荔枝“壳如红缯，膜如紫绡，瓤肉莹白如冰雪，浆液甘酸如醴酪”，不仅外形可爱喜人，味道也稚嫩爽口。东汉文学家王逸赞荔枝“卓绝类而无俦，超众果而独贵”，唐朝诗人张九龄对荔枝也有“百果之中，无一可比”的厚爱，因此，荔枝享有“岭南佳果”“果中之王”的美誉（吕强等，2013）。

荔枝品种众多，从三月成熟的早熟品种‘三月红’，到优质品种‘桂味’‘挂绿’‘糯米糍’，以及肉色晶莹剔透的‘水晶球’，再到古今闻名的‘妃子笑’、走出国门的‘陈紫’等，各色品种满足着生产者和消费者多样的需求。

二、荔枝果肉中的营养和活性成分

荔枝具有美容养颜、益智补脑的功效。《本草纲目》中记载，荔枝“实气味甘、平、无毒”“主止渴，益人颜色”“通神，益智，健气”。

研究表明，荔枝果肉中含有多种维生素，其中以维生素 C 含量最为丰富。据美国农业部（United States Department of Agriculture，USDA）营养数据库分析，荔枝每 100g 鲜果肉的维生素 C 含量仅次于猕猴桃，普遍高于其他大众水果。维生素能够促进微细血管的血液循环，防止雀斑积累，令皮肤更加光滑，从而达到“益人颜色”的美容效果。此外，维生素还能改善失眠、健忘、神疲等症，其与单糖和多糖共同对大脑组织发挥补养作用，从而达到“通神，益智，健气”的功效。

据《玉楸药解》记载，荔枝果肉能“暖补脾经，温滋肝血”；《泉州本草》中记载，荔枝果肉可“治产后水肿、咽喉肿痛等症”。现代营养学研究为荔枝“保肝消炎”等传统保健功能提供了诸多证据。注射了四氯化碳而导致肝中毒的小鼠在进食富含酚类物质的荔枝果肉粗提物后，其肝细胞凋亡受到抑制，肝脏损伤降低；另有研究表明，经常补充富含黄酮醇的荔枝提取物，能够显著降低运动员体内白介素-6（炎症因子之一）的水平，从而抑制运动员体内由于高强度训练引起的发炎和组织损伤。

随着现代医学的发展，研究人员还发现荔枝果肉提取物具有降血糖、抗辐射等功效。例如，服用荔枝果肉提取物能降低小鼠体内血糖水平，促进脂类物质的新陈代谢。荔枝提取液还具有一定的抗辐射功效，能够显著降低辐射对 DNA 的损伤。

荔枝果实中的生物活性物质包括黄酮糖苷类物质、原花青素类物质、酚酸、萜类化合物、生物碱、甾醇类、多糖与维生素 C（图 4.9.1）。

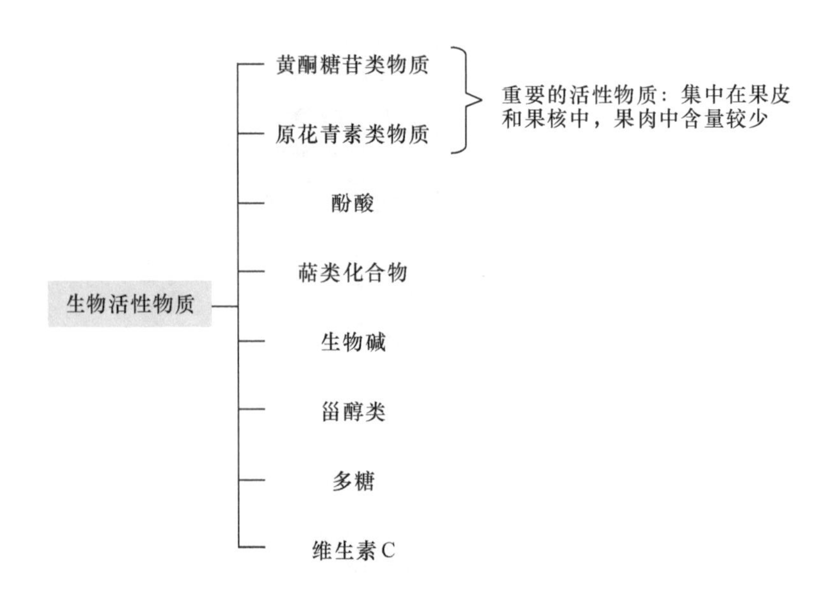

图4.9.1　荔枝中的生物活性物质

荔枝的生物活性物质研究日益受到重视，其功能性组分和生物活性也陆续被发现。其中，黄酮糖苷类物质与原花青素类物质作为重要的活性物质，已在荔枝果实的不同部位都有所研究，并发现其主要集中在果皮和果核中，果肉中含量较少。

相关研究表明，荔枝中含有大量且种类丰富的酚类化合物，包括没食子酸、绿原酸、咖啡酸、儿茶酸等多种酚酸，以及黄酮醇糖苷、原花色素、黄烷醇等黄酮类化合物（图4.9.2）。

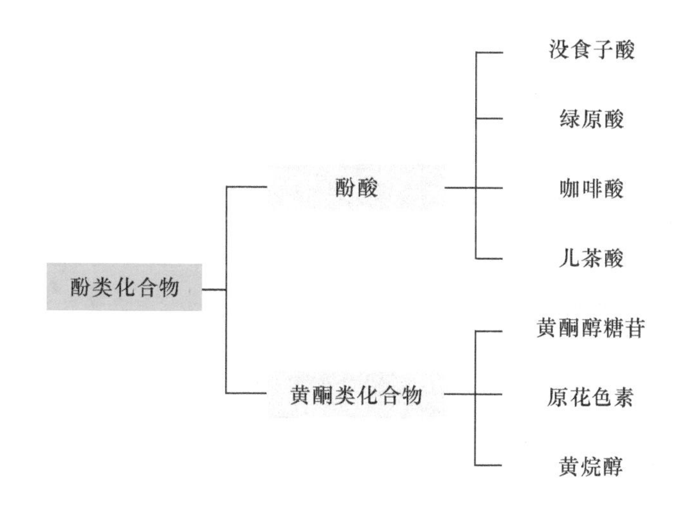

图4.9.2 荔枝中的酚类化合物

除了果肉，目前人们对荔枝非可食部位的活性成分及其功能也开展了一定的研究，发现荔枝果皮中含有大量原花青素（如原花青素 B_1、原花青素 B_2 等）（图 4.9.3）、浓缩单宁、各种花色素糖苷、槲皮素糖苷、根皮苷等酚类物质。荔枝果皮中的花色苷主要为矢车菊素-3-*O*-芸香糖苷、矢车菊素-3-*O*-葡萄糖苷、锦葵素-3-*O*-葡萄糖苷等，槲皮素糖苷主要为槲皮素-3-*O*-芸香糖苷和槲皮素-3-*O*-葡萄糖苷，这些化合物具有较强的抗氧化活性和肿瘤细胞抑制活性。

荔枝种核中也含有黄酮类糖苷、原花青素等酚类物质。其中，黄酮类糖苷包括山柰酚-7-新橙皮糖苷、柚皮苷、生松素-7-芸香糖苷、花旗松素-4-葡萄糖苷、根皮苷等（图 4.9.4）。果核中存在大量不同聚合度的原花青素，其中聚合度最高的达 20。

此外，荔枝果实中还含有甾醇、肌醇、皂苷、蒽醌、萜类等物质，以及大量多糖和不饱和脂肪酸。现代医学研究发现，荔枝果核的皂苷提取物能够显著降低糖尿病小鼠的血糖水平，荔枝果核中的多糖具有降血糖、降血脂和保护肝脏、肾脏等作用。

有研究也表明，荔枝果肉富含酚类物质，主要为黄酮糖苷类物质和原花青素类物质，品种间酚类物质组成差异较大；不同品种的果肉提取物对 α-葡萄糖苷酶的抑制活性不同，但均具有较好的血糖调节效果；黄酮糖苷类物质中槲皮素 3-*O*-芸香糖-（1→2）-*O*-鼠李糖苷和原花青素类物质中儿茶素、A 型原花青素二聚体也表现出较好的降血糖的效果；从不同品种荔枝果肉中提取出的酚类化合物，均能显著控制糖尿病小鼠的空腹血糖水平。

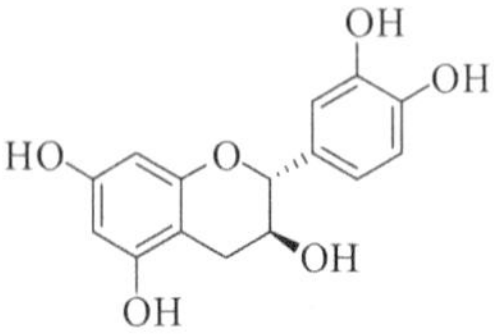

儿茶素 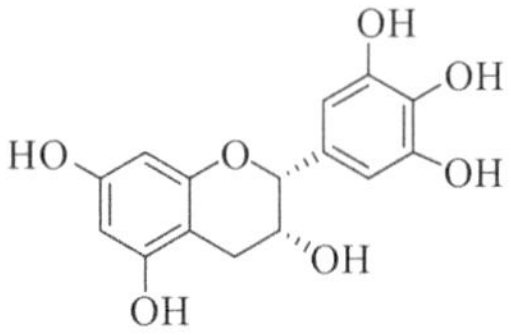　　表儿茶素

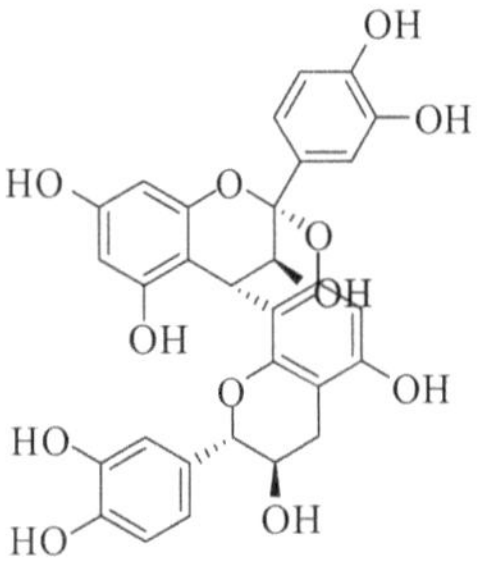

原花青素A_1 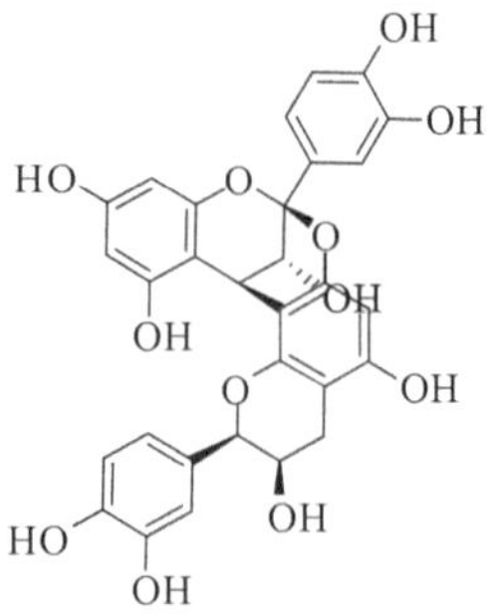　　原花青素A_2

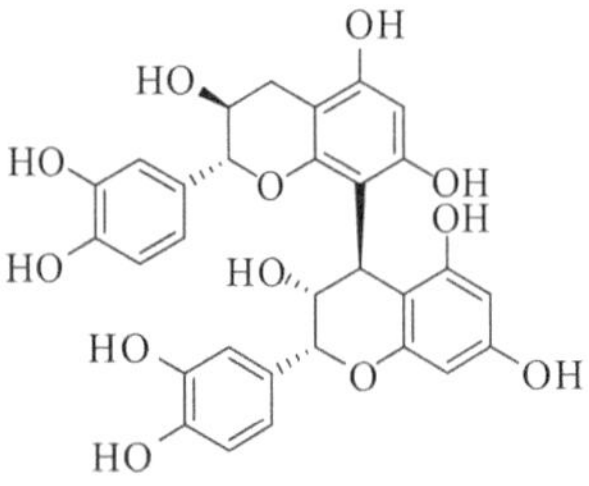

原花青素B_1 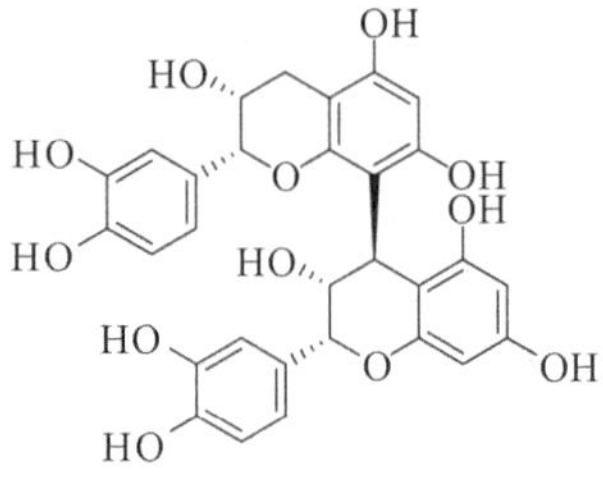　　原花青素B_2

图4.9.3　荔枝中常见原花青素类化合物的结构

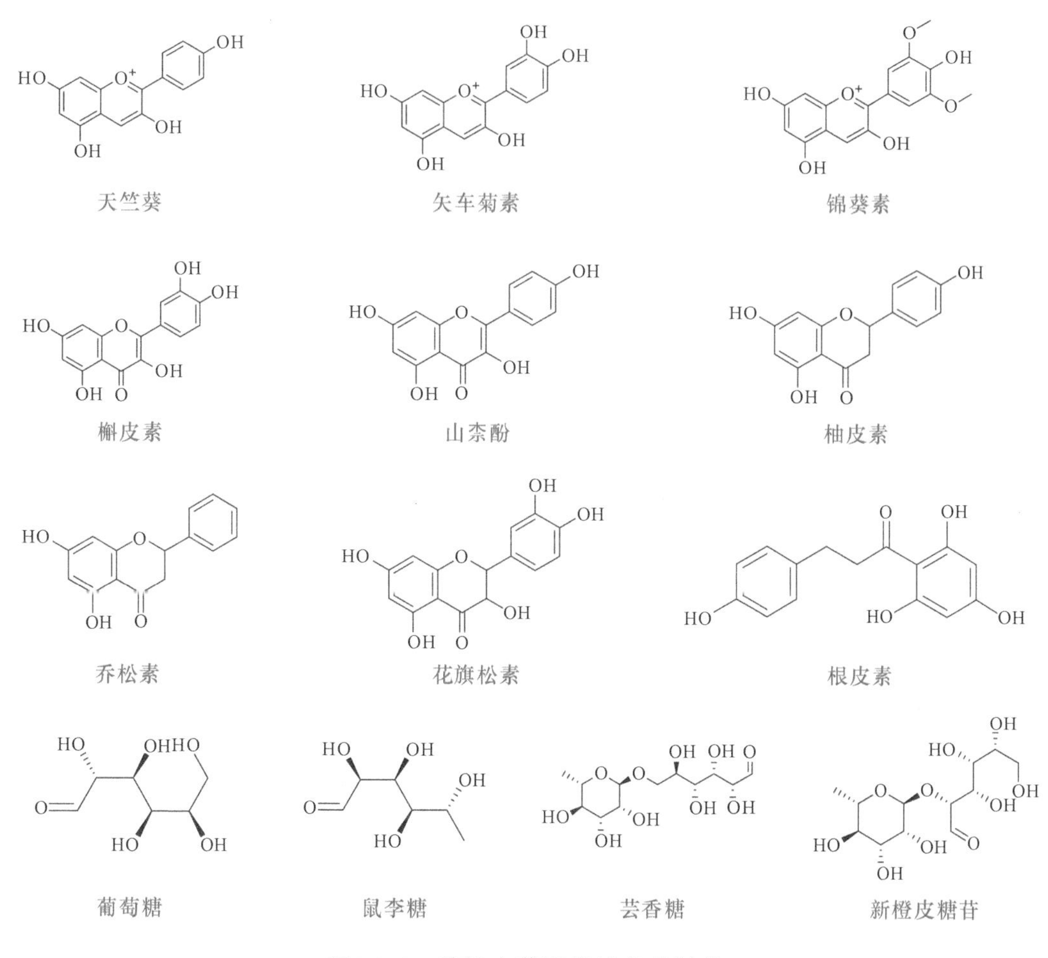

图4.9.4 荔枝中黄酮类糖苷的结构

第十节 樱 桃

4.10 视频：樱桃

樱桃［*Cerasus pseudocerasus*（Lindl.）G. Don］，为蔷薇科李属樱桃亚属植物，主要分布于北半球温带地区。该属有百余种，我国目前作为果树栽培的有中国樱桃（*Prunus pseudocerasus*）、毛樱桃（*P. tomentosa*）、甜樱桃（*P. avium*）和酸樱桃（*P. cerasus*）。

一、樱桃的类别及分布

1. 中国樱桃

民间也称之为小樱桃、樱珠、含桃等，原产于我国，具有2000多年的栽培历史，在长江流域以南和以北地区均有分布，其中蕴含着大量优质的种质资源。中国樱桃个头小巧，肉质软糯多汁，入口即化，是优良的鲜食和加工品种，同时也是广受大众喜爱的采摘游果树。

2. 毛樱桃

别名山樱桃、山豆子，在中国、日本、韩国、加拿大、俄罗斯等国均有分布，在我国从东北到西南沿山岳地带广泛分布，目前处于野生和半野生状态。毛樱桃果柄极细短，果实小而圆润，形如珍珠，可鲜食及酿酒，也可作为砧木，还可用作庭园观赏树种。

3. 甜樱桃

民间也称为大樱桃。原产于欧洲及西亚，在欧亚及北美栽培历史悠久，19世纪70年代由欧洲传教士引入中国。20世纪90年代起，我国的甜樱桃栽培面积和产量迅速增长，主产区分布于长江以北的山东、辽宁和陕西等地。当前，我国甜樱桃种植面积已达300万亩，年产量达140万t，我国甜樱桃人均消费量达1kg。甜樱桃果个较大，单果质量为3.85～35.00g，其中果肉占89.4%～92.7%，含水量为82.55%～85.24%，肉质较硬，耐贮运，主要用于鲜食。

4. 酸樱桃

原产于欧洲和西亚，个头一般小于甜樱桃，单果质量为1.89～8.17g，其中果肉占85.2%～91.4%。以皮肉均深红、着色均匀的品种较为多见，也有颜色较浅甚至黄色或黄红相间的品种。酸樱桃果实含酸量较高，常用作酿酒或将其加工成果酱、果脯、蜜饯、果汁等，是优良的加工型樱桃品种。目前我国极少有商业化栽培，但国内已有高校和科研院所开展关于酸樱桃的引种、育种等工作。

二、樱桃的营养和功能活性成分

樱桃性温，味甘、酸。中医认为，樱桃具有益气养颜的功效。《滇南本草》记载，樱桃可“治一切虚症，能大补元气，滋润皮肤”；《名医别录》记载，樱桃“主调中，益脾气”；《备急千金要方》记载，樱桃“令人好颜色，美志性”。

现代医学开展了许多关于樱桃活性的研究，主要集中于甜樱桃和酸樱桃。加州大学旧金山分校的一项研究表明，血液中尿酸过高会导致单钠尿酸盐在关节处沉积，从而引发痛风，而食用樱桃能显著增加尿酸的排出，降低人体血液中的尿酸浓度。加州大学的这一研究结果与我国中医古籍中的记载有同工之妙。

随着对樱桃果实活性成分研究的深入，人们还发现了樱桃的其他功效。

动物和人体实验均表明，樱桃提取物对“三高症”（高血压、高血脂、高血糖）的预防以及肾脏功能的改善有积极的作用，因为“三高症”还常常伴随着肾脏功能的衰退。糖尿病大鼠服用樱桃的乙醇提取物后，其血糖水平、尿液中微球蛋白水平均显著降低，而尿液中排出的肌酸酐量增加。人体服用樱桃汁浓缩物后，血压、糖化血红蛋白和低密度脂蛋白胆固醇水平均出现下降（曹锦萍等，2013）。

酸樱桃汁对口腔有害细菌具有抑制作用，但不会影响有益细菌的生存。酸樱桃汁液能防止仓鼠肺成纤维细胞的过氧化损伤，而甜樱桃的甲醇提取物能抑制肠癌和胃癌细胞的增殖。另外，樱桃还表现出良好的抗炎作用。有研究结果表明，每天定量食用樱桃能显著降低健康人体血液中的炎症标志物水平。

樱桃果实营养丰富，除了含有葡萄糖、果糖、苹果酸、柠檬酸等糖酸类物质，还含有大量的植物多酚和萜类化合物，这些物质对人体健康多有裨益。

1. 花色苷

樱桃颜色艳丽而丰富，或黄如凝脂，或黄粉相间、灿若晚霞，或红如玛瑙，或乌若紫晶。樱桃的红色来源于其果肉中所含的花色苷。樱桃中已鉴定出的花色苷物质有十几种，其种类和含量因品种而异，往往颜色越深的品种，其花色苷含量越高。其中，矢车菊素-3-*O*-芸香糖苷、矢车菊素-3-*O*-葡萄糖苷、矢车菊素-3-*O*-槐糖苷和矢车菊素-3-*O*-葡萄糖酰芸香糖苷等是各类樱桃果实中主要的花色苷成分（图 4.10.1）。动物实验表明，樱桃的花色苷提取物具有减轻炎性疼痛、抑制炎症因子的分泌、抑制肠道肿瘤和减轻脑梗死症状等作用。

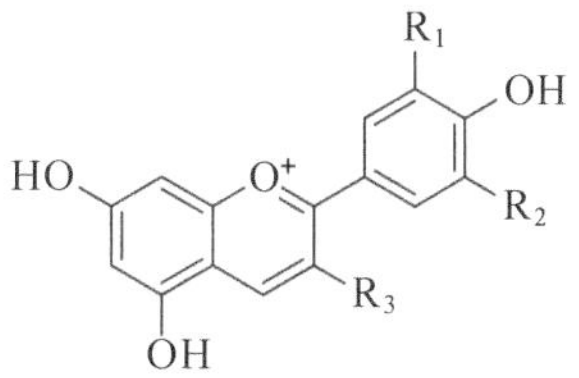

矢车菊素-3-*O*-芸香糖苷：R_1=OH；R_2=H；R_3=芸香糖
矢车菊素-3-*O*-葡萄糖苷：R_1=OH；R_2=H；R_3=葡萄糖
矢车菊素-3-*O*-槐糖苷：R_1=OH；R_2=H；R_3=槐糖
矢车菊素-3-*O*-葡萄糖酰芸香糖苷：R_1=OH；R_2=H；R_3=葡萄糖酰芸香糖
天竺葵素-3-*O*-芸香糖苷：R_1=R_2=H；R_3=芸香糖
天竺葵素-3-*O*-葡萄糖苷：R_1=R_2=H；R_3=葡萄糖
芍药素-3-*O*-芸香糖苷：R_1=OCH_3；R_2=H；R_3=芸香糖

图4.10.1　樱桃果肉中主要花色苷成分的结构

2. 酚酸

樱桃果实中已经鉴定出的酚酸类化合物有 5 种，均为羟基桂皮酸类衍生物，包括绿原酸、新绿原酸、隐绿原酸、异绿原酸 A 和对香豆酰奎尼酸（图 4.10.2）。

绿原酸　新绿原酸　隐绿原酸

异绿原酸A　对香豆酰奎尼酸

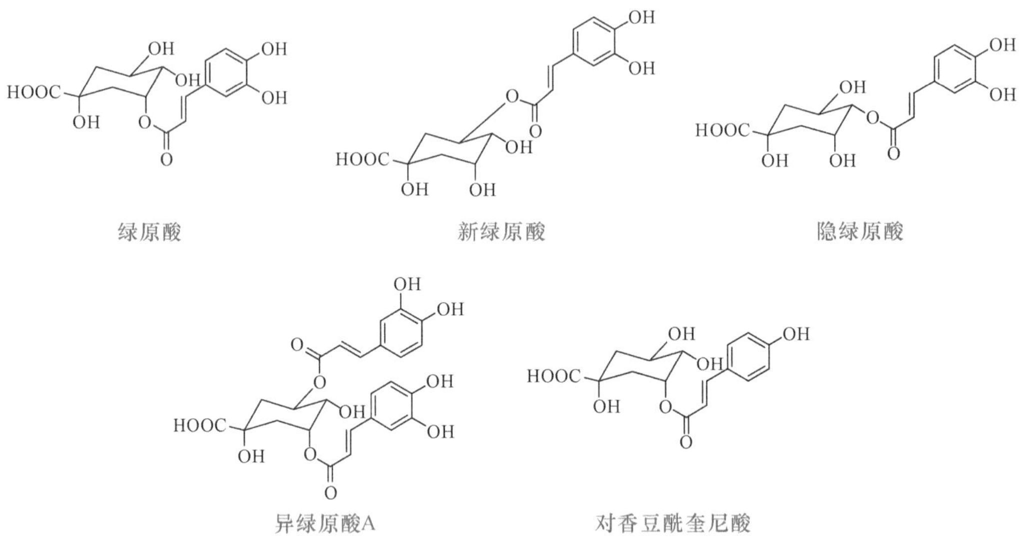

图4.10.2　樱桃果肉中主要的羟基桂皮酸类衍生物的结构

3. 黄酮醇

樱桃果肉中的黄酮醇类化合物含量均较低，但种类繁多。目前已从樱桃果肉中鉴定出了超过 20 种黄酮醇类化合物。其中，最常见的有槲皮素-3-芸香糖苷、山柰酚-3-芸香糖苷、山柰酚-3-鼠李糖苷、槲皮素-3-葡萄糖苷、山柰酚-3-葡萄糖苷和槲皮素-3-鼠李糖苷等（图 4.10.3）。

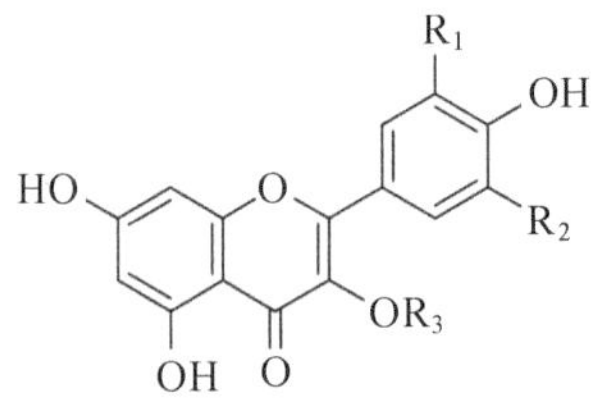

山柰酚-3-葡萄糖苷：R_1=R_2=H；R_3=葡萄糖
山柰酚-3-芸香糖苷：R_1=R_2=H；R_3=芸香糖
山柰酚-3-鼠李糖苷：R_1=R_2=H；R_3=鼠李糖
槲皮素-3-葡萄糖苷：R_1=OH；R_2=H；R_3=葡萄糖
槲皮素-3-芸香糖苷：R_1=OH；R_2=H；R_3=芸香糖
槲皮素-3-鼠李糖苷：R_1=OH；R_2=H；R_3=鼠李糖
槲皮素-3-半乳糖苷：R_1=OH；R_2=H；R_3=半乳糖
槲皮素-3-葡萄糖酰芸香糖苷：R_1=OH；R_2=H；R_3=葡萄糖酰芸香糖

图4.10.3　樱桃果肉中黄酮醇类化合物的结构

4. 黄烷-3-醇

樱桃中还含有少量的黄烷-3-醇类化合物，如儿茶素、表儿茶素及其相关的低聚物。

5. 熊果酸和齐墩果酸

樱桃果皮上覆盖有蜡质成分，赋予果实如玉般温润的光泽。成熟樱桃表皮的蜡质层由三萜类、烷烃、烷醇类物质和其他未知成分组成。其中，三萜类化合物占 54% ～ 76%，而熊果酸是其中最主要的三萜类物质，占 47% ～ 60%。熊果酸具有很好的抗炎、抗氧化、降血糖、降血脂、抗肿瘤等功效，目前已被广泛用作医药和化妆品原料（图 4.5.1）。

章测试题四

（一）单项选择题

1. 柠檬苦素类化合物在柑橘果实中含量以（　　）的最高。

A. 内果皮　　B. 果肉　　C. 种子　　D. 外果皮

2. 杨梅果实抗氧化活性与其花色苷含量呈显著（　　）相关。

A. 负　　B. 正　　C. 无

3. 进一步研究发现，（　　）是桃主要的抗氧化物质。

A. 槲皮素　　B. 芦丁　　C. 绿原酸　　D. 原花青素

4.（　　）是芒果栽培历史最久且产量最高的国家。

A. 中国　　B. 马来西亚　　C. 印度　　D. 泰国

5. 当前，我国甜樱桃种植面积已达（　　）万亩，年产量达（　　）万 t。

A. 300；160　　B. 300；140　　C. 330；140　　D. 330；160

6.（　　）是含呋喃环的三萜类化合物，是柑橘类水果呈现苦味的主要原因。

A. 黄酮类化合物　　B. 柠檬苦素　　C. 类胡萝卜素　　D. 果胶

7.（　　）被我国园艺学科奠基人吴耕民先生誉为“江南珍果”。

A. 杨梅　　B. 枇杷　　C. 苹果　　D. 荔枝

8. 唐代时，芒果从印度被引种到我国，目前我国已成为世界第（　　）大芒果生产国。

A. 一　　B. 二　　C. 三　　D. 五

9. 山楂果实醇提物可使小鼠血清、肝脏和脑中的（　　）等抗氧化酶活性显著上升，丙二醛含量下降。

A. COD　　B. SOD　　C. AOD　　D. EOD

10. 桃品种间抗氧化活性差异显著，且（　　）活性明显高于（　　）。

A. 果皮；果肉　　B. 果肉；果皮　　C. 果肉；果核　　D. 果核；果肉

（二）多项选择题

1. 甜樱桃果个较大，单果质量为 3.85 ～ 35.00g，含水量为 82.55% ～ 85.24%，有（　　）的特点。

A. 肉质较硬　　B. 肉质较软　　C. 不耐储运　　D. 耐储运

2. 山楂能改善缺血再灌注引起的心脑梗死及脑卒中现象，这不得不归功于其中的（　　）和（　　），它们能增加超氧阴离子的清除能力。

A. 原花青素　　B. 蛋白质　　C. 黄酮　　D. 碳水化合物

3. 成熟樱桃表皮的蜡质层由（　　）和其他未知成分组成。

A. 三萜类　　B. 烷烃　　C. 花色苷　　D. 烷醇

（三）判断题（正确的打“√”，错误的打“×”）

1. 利用树脂富集大果山楂果实的原花青素组分，其羟自由基和过氧阴离子的清除能力显著高于维生素 E。（　　）

2. 按果肉颜色，枇杷可分为白肉枇杷和红肉枇杷，果肉颜色的不同主要是由类胡萝卜素积累差异造成的。（　　）

3. 化橘红是由‘化州柚’的幼果制干而成，主要产自广东省化州地区。（　　）

4. 酿酒葡萄一般要求：外表美观，大而均匀，果皮韧，果肉紧厚，脆而多汁。（　　）

5. 杨梅果实提取物的抗氧化活性很高，且颜色越浅的品种其抗氧化活性越高。（　　）

6. 枇杷叶中酚类物质含量要高于枇杷果实，果肉中酚类物质含量要高于果皮。（　　）

7. 富含绿原酸和新绿原酸的组分较显著地抑制乳腺癌细胞的恶性增殖，但对正常乳腺上皮细胞损伤较大。（　　）

（四）思考题

1. 影响枇杷果实营养品质的因素有哪些？可通过采取哪些措施来改善其品质？

2. 本章中介绍了我国目前的 4 个樱桃主栽品种，它们各有特色，请结合其特点思考哪个樱桃品种具有更广阔的商业发展前景？

3. 山楂富含多种生物活性物质，其对人体健康的贡献非常多样，请结合所学内容谈谈你对山楂加工及产品开发的创新想法。

※参考文献

曹锦萍, 孙崇德, 李鲜, 等, 2013. 宝石水果: 樱桃. 生命世界, 282(6): 72-73.

成冰, 2014. 酿酒白葡萄加工品质评价及DNA图谱构建. 陕西, 杨凌: 西北农林科技大学.

成宇峰, 2008. 葡萄与葡萄酒单体酚分析测定方法的研究. 陕西, 杨凌: 西北农林科技大学.

黄慧中, 李鲜, 陈昆松, 2013. 神奇的江南珍果: 杨梅. 生命世界, 282(4): 46-47.

季诗誉, 2019. 柑橘果实黄酮类物质的降糖活性研究. 杭州: 浙江大学.

罗丰雷, 李鲜, 黄旭明, 等, 2013. 热带果王: 芒果. 生命世界, 286(8): 62-63.

吕强, 李鲜, 孙崇德, 等, 2013. 营养美味的岭南佳果: 荔枝. 生命世界, 284(6): 70-71.

沈燕琳, 2014. 山楂果实酚类物质组分分析及其生物活性评价. 杭州: 浙江大学.

沈燕琳, 李鲜, 董文轩, 等, 2013. 小食材, 大用处, 神奇的护心良药: 山楂. 生命世界, 286(8): 60-61.

谭飏, 秦晓晓, 苏卿, 等, 2013. 苹果生物活性物质研究与利用现状. 食品工业科技, 34(1): 358-361.

王旭峰, 2016. 苹果果胶的五大健康功效. 饮食科学(2): 12-13.

张文娜, 李鲜, 孙崇德, 等, 2013. 犹抱"枇杷"半遮面. 生命世界, 285(7): 60-61.

赵晓勇, 李鲜, 孙崇德, 等, 2013. 长寿之果: 桃. 生命世界, 285(7): 62-63.

第五章

常见蔬菜与人体健康

蔬菜是指具有幼嫩多汁的产品器官，可供佐食或调味食用的所有植物。蔬菜是个复合名词。在古代，蔬与菜同用，意义相同。按许慎的《说文解字》注："蔬，菜也。"现今我国栽培的蔬菜种类有200多种，列属于32个科，普遍栽培的蔬菜有50～60种。餐餐有蔬菜，食养是良医。党的二十大报告指出，人民健康是民族昌盛和国家强盛的重要标志。近年来，我国大力推进国民营养计划和健康中国合理膳食行动。蔬菜营养价值高，可提供人体所必需的多种维生素、矿物质和纤维素等营养物质，也是碳水化合物和蛋白质的重要来源，在维持人体酸碱平衡、医疗保健方面发挥着重要作用。

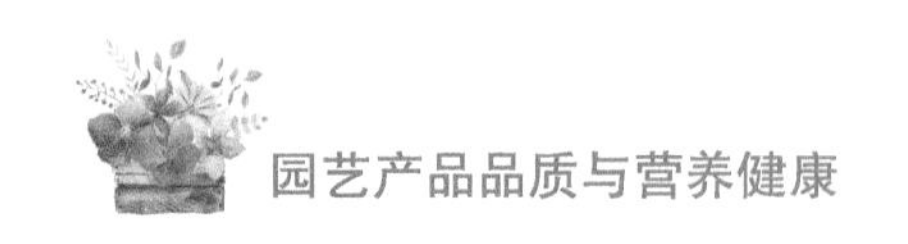

第一节　西蓝花

西蓝花（*Brassica oleracea* L. var. *italica*），属十字花科芸薹属甘蓝的变种之一，植物学名为球叶甘蓝，又称青花菜、绿菜花、洋花菜等。西蓝花是一种营养成分较为齐全的蔬菜，可食用部分为绿色花球及肥嫩花茎，含有丰富的碳水化合物、矿物质及多种维生素，营养价值高。且其食用风味独特，被誉为“蔬菜之冠”，备受广大消费者的喜爱。

5.1　视频：西蓝花

一、西蓝花的起源与发展

有关西蓝花最早的文字记载始于公元前的希腊和罗马，由罗马人将其传入意大利（地中海地区）。西蓝花最早由野生芥菜驯化而来，最早描述的散花甘蓝可能是西蓝花的原始类型。在过去，由于形态相似，人们一直将西蓝花归为花椰菜，直至19世纪初期才将其从花椰菜中分出。西蓝花于19世纪初传到欧美各国，19世纪末20世纪初传到我国，随后在广东、福建、浙江、上海和台湾等地区开始大面积栽培，此后西蓝花产业迅速发展（赵前程，2006）。

二、西蓝花的品种

按叶形，西蓝花可分为阔叶种和长叶种。按成熟期，西蓝花可分为极早熟品种（全生育期在90天以内）、早熟品种（全生育期为90～100天）、中熟品种（全生育期为101～120天）和晚熟品种（全生育期在120天以上）。按植株分枝能力及结花球情况，西蓝花可分为主花球专用种和主侧花球兼用种。按花蕾构成状况及结球紧实程度，西蓝花可分为紧球、疏球和散球型品种。按花球色泽，西蓝花可分为绿色、深绿和微紫色品种。

三、西蓝花的品质要素

西蓝花的品质要素主要包括色泽、质地、香味和营养4个方面。西蓝花含有丰富的叶绿素，在生长及贮藏的过程中，叶绿素的种类和含量不断变化，花蕾的黄化程度在感官上决定了西蓝花的分级。西蓝花的主要食用部分是幼嫩花枝以及密集生长的花蕾。色泽和质地是判断西蓝花品质的主要指标，一般以花蕾密致、色泽碧绿、花茎嫩脆、花芽未开放的西蓝花品质为最佳。此外，西蓝花本身具有清新的香味，若西蓝花贮藏不当，腐烂变质后会散发出一种煤气样的异味，以致风味劣变而不可食用。

西蓝花不仅外形美观、风味独特，还含有丰富的营养成分，被推荐为十大健康蔬菜之一。西蓝花主要含有蛋白质、维生素、胡萝卜素、黄酮类化合物，以及矿质元素钙、铁、钾、磷、锌、锰等。西蓝花的营养价值高于一般蔬菜，尤其是蛋白质含量是白花菜的2倍，维生素A含量分别是白花菜和番茄的240倍和6倍，钙的含量是番茄的2倍。

挑选优质西蓝花时可从颜色、花球、质量、叶片、花梗切口等5项指标进行判断：（1）菜株颜色浓绿鲜亮者为佳，若有泛黄现象，则表示已过度成熟或贮藏太久。（2）花球表面无凹凸，花蕾紧密结实的西蓝花品质较好。（3）手感较沉重的西蓝花为佳，如果花球过硬、花梗特别宽厚结实，则表示植株过老。（4）若西蓝花带叶，则叶片嫩绿、湿润的较新鲜。（5）观察西蓝花花梗的切口是否湿润，如果过于干燥则表示采收已久，不够新鲜。

四、西蓝花与健康

西蓝花含有丰富的营养物质，具有一定的药用价值，尤其是防癌、抗癌的功效十分显著，已成为各国居民日常生活中的主要蔬菜之一。大量科学研究发现，西蓝花的保健作用主要体现在以下几个方面。

1. 预防癌症

西蓝花中含有大量的硫代葡萄糖苷（也称芥子油苷），其分解产生的异硫氰酸盐类具有很高的活性，能诱导人肝癌细胞和胃癌细胞凋亡，具有良好的抗癌、抗氧化及抑菌防腐效果，长期食用可降低乳腺癌、直肠癌及胃癌等癌症的发病率。

2. 保护肝脏

西蓝花中含有丰富的维生素，能够增强肝脏的解毒能力，提高人体免疫力。

3. 稳定血糖

西蓝花属于富含花青素的高纤维蔬菜，能降低胃肠对葡萄糖的吸收，因此可以降低血糖，有效控制糖尿病。同时，高膳食纤维有助于增强饱腹感，达到减肥瘦身的目的。

4. 预防心血管疾病

西蓝花中含有丰富的黄酮类化合物，这类物质能很好地防止胆固醇增多，抑制血小板凝结成块，清除人体血管中的垃圾，防止血管阻塞及动脉硬化，有效地降低心脑血管疾病的发生风险。

5. 抗衰老

西蓝花含有的维生素种类较为齐全，可以清除体内自由基，有效增强皮肤抗损伤能力，预防皱纹产生，促进肌肤年轻化，延缓衰老。

6. 保护视力

西蓝花中丰富的类胡萝卜素是合成维生素 A 的前体物质，而维生素 A 可促进眼睛内光感色素的形成，因此，多食西蓝花有助于预防夜盲症，保护视力。

第二节　番　茄

番茄（*Solanum lycopersicum* Linn.），属茄科番茄属一年生或多年生草本植物，又称西红柿、洋柿子等。番茄既可当蔬菜，又可当水果，其营养丰富，风味独特，可生食、煮食，或加工制成番茄酱、番茄汁，是全世界最为广泛栽培的果菜之一。

5.2　视频：番茄

一、番茄的起源

番茄的起源中心是南美洲的安第斯山脉地带，在秘鲁、厄瓜多尔、玻利维亚等地，至今仍有大面积的野生种分布。17 世纪末番茄传入欧洲，进入了意大利人的食谱；随后意大利人利用番茄制作各种美食，如意大利面、披萨、沙拉、酱汁等，成了意大利烹饪的特色之一。我国从 19 世纪 50 年代开始栽培番茄，随后其迅速发展成为主要的蔬菜。

二、番茄的品种

按用途，番茄可分为鲜食番茄和加工番茄等品种。按果色，番茄可分为粉果番茄、红果番茄、黄果番茄、绿果番茄等品种。按果型大小，番茄可分为大果型番茄、中果型番茄、樱桃番茄等品种。按果实形状，番茄可分为扁圆形番茄、圆形番茄、长形番茄等品种。

三、番茄的品质要素

番茄的品质要素主要包括色泽、香味、风味、质地和营养 5 个方面。番茄果实的色泽直观地影响着消费者的选择，其主要与叶绿素和番茄红素的含量及它们的相对比例有关。如绿色果实中的叶绿素含量相对较高，而红色和橙色果实中的番茄红素和胡萝卜素含量较高。番茄独特的香气是由醇类、醛类、酮类等化合物赋予的，如 1–戊烯–3–酮、6–甲基–5–庚烯–2–酮、2–甲基丁醛、3–甲基丁醛等。番茄果实的风味来源于可溶性固形物，主要是可溶性糖和有机酸。番茄果实干物质中约有 50%为糖，主要包括葡萄糖、果糖和少量蔗糖；而有机酸约占总干物质的 12%，其中柠檬酸和苹果酸是决定果实酸味的主要有机酸。番茄不仅色泽艳丽，酸甜适口，还有较高的营养价值。番茄果实含有多种营养成分，主要包括碳水化合物、维生素、矿物质等，其中，番茄红素是番茄果实中最重要、含量最多的一种类胡萝卜素，也是一种重要的营养物质。

四、番茄与健康

由于独特的风味和营养价值，番茄已成为人们日常生活中不可或缺的果蔬产品。研究表明，每人每天食用50～100g鲜番茄，即可满足人体对多种维生素和矿物质的需要，具有一定的营养和保健功效。

1）番茄中含有丰富的番茄红素，其属于异戊二烯类化合物，是类胡萝卜素的一种，具有独特的抗氧化能力，能清除自由基，保护细胞，使脱氧核糖核酸免遭破坏。番茄红素的抗氧化能力远胜于其他类胡萝卜素和维生素 E，具有防癌、抗癌的功效。番茄红素还具有抑制脂质过氧化的作用，能抑制视网膜黄斑变性，保护视力。

2）番茄中所含的维生素 C 和芦丁，可降低胆固醇，预防动脉粥样硬化及冠心病。此外，对经常发生牙龈出血或皮下出血的患者来说，常吃番茄有助于改善症状。

3）番茄富含的烟酸，能够维持胃液的正常分泌，促进红细胞的形成，有利于保持血管壁的弹性。

4）番茄所含的苹果酸或柠檬酸，有助于消化，调整胃肠功能。另外，番茄中的果酸及膳食纤维素，也有助消化、润肠通便的作用，可防治便秘。

第三节 大 蒜

蒜（*Allium sativum* L.），别名大蒜、大蒜头、胡蒜等，为百合科葱属植物的地下鳞茎。大蒜整棵植株具有强烈辛辣的蒜臭味，蒜头、蒜叶和花薹均可作蔬菜食用，不仅可作调味料，而且可入药，是著名的食药两用植物。

5.3 视频：大蒜

一、大蒜的产量与区域分布

我国既是大蒜生产大国，又是大蒜消费、出口大国，大蒜产量和种植面积均居世界第一。统计显示，2016 年我国大蒜产量占世界总量的 80%以上，出口量占全世界大蒜出口贸易量的 90%左右，出口市场遍及日本、韩国、澳大利亚以及东南亚、北美、欧盟等国家和地区。山东、河南、江苏、河北等主产省依托资源优势，推进大蒜规模化种植、标准化生产和产业化经营，使大蒜产业规模、水平和竞争力均

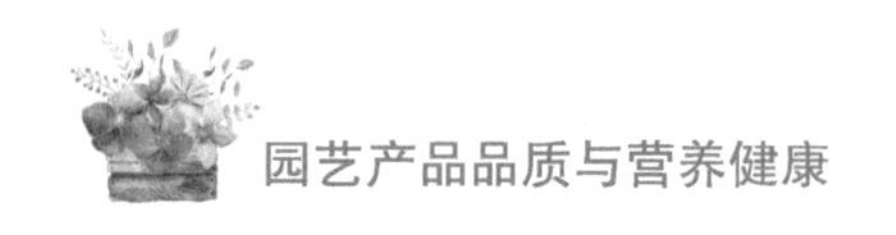

有较大的提升（苑甜甜，2018）。

二、大蒜的文化与栽培历史

大蒜原产于欧洲南部和中亚地区，最早在古希腊、古罗马和古埃及等地中海沿岸国家种植，至今已有5000多年的栽培历史。2000多年前，汉朝张骞出使西域时将大蒜引入中原；9世纪初，日本从中国引种并进行繁殖、生产大蒜；16世纪初，大蒜种植区域扩展到欧洲、南美洲；18世纪末，北美洲也开始种植大蒜。如今，大蒜已在全球范围内广泛栽培。

三、大蒜的品种与外观形态

按鳞茎外皮颜色，大蒜可分为紫皮蒜和白皮蒜2种：紫皮蒜的蒜瓣少而大，每头4～8瓣，辛辣味浓，产量高，但耐寒性差，华北、东北、西北地区适宜春播。白皮蒜有大瓣种和小瓣种之分，大瓣种每头5～10瓣，味香辛，产量高，品质好，以生产蒜头和蒜薹为主；小瓣种每头10瓣以上，叶数多，假茎较高，辣味淡，产量低，适于蒜黄和青蒜栽培。

按蒜薹的有无，大蒜又可分为无薹蒜和有薹蒜2种类型：无薹蒜早熟优质，但产值较低，目前栽培面积较小；有薹蒜适应性广，栽培面积较大。

四、大蒜的贮藏与加工利用

1. 采收

大蒜的采收时机和贮藏方法很有讲究。收获过早，蒜头组织不充实，采后干制过程易干瘪，不耐储运，产量低；收获过迟，蒜皮变黑，易散瓣，商品性差。因此，依照蒜农的经验，当蒜叶大部分干枯，上部叶片由褪色到叶尖干枯并慢慢下垂，植株处于柔软状态，茎秆不易折断时为最佳收获时间。

2. 贮藏

大蒜采后经常使用的贮藏方法有5种：一是挂藏法，大蒜收获后快速干燥鳞茎，使之进入休眠期，再进行挑选和编组，挂在通风良好的地方贮藏；二是架藏法，将编好的蒜头放在通风、干燥的室内贮藏，室内放置台形或锥形的木制或竹制梯架；三是窖藏法，地下温度、湿度受外界影响较小，可使鲜藏环境更加稳定；四是机械冷藏法，通过人工控温，使得大蒜的保鲜时间延长、品质更佳；五是气调贮藏法，大蒜鲜藏时环境中氧气含量愈低，二氧化碳含量愈高，抑制发芽的效果愈显著。

3. 加工

常见的大蒜加工技术有腌制、压片、脱水干燥，可得大蒜脆片、大蒜粒等产品。此外，利用超临界萃取、膜分离、分子蒸馏、超声波辅助提取、酶辅助提取等技术，提取大蒜中的活性组分，还可制备大蒜素、大蒜精油、有机硒、有机锗、超氧化物歧化酶等功能性食品或药品原料。

五、大蒜的营养与功能

大蒜的营养十分丰富，含有多种维生素、蛋白质、碳水化合物和无机盐等。每100g新鲜大蒜约含水70g，蛋白质4.4g，脂肪0.2g，碳水化合物23.6g，钙5mg，铁0.4mg，硫胺素0.24mg，烟酸0.9mg，抗坏血酸3mg等。其中，微量元素硒的含量在大蒜中是最高的，达到0.276μg/g（康雅，2010），而一般蔬菜的含硒量仅为0.01μg/g。每100g大蒜中锗的含量为73.4mg，在植物中也是比较高的。大蒜中还含有0.2%的挥发油，内含蒜氨酸。

由于大蒜中富含人体所必需的硒元素，所以，大蒜具有很多特殊的、与硒有关的功能品质，如抗菌、抗病毒、降血压、抗血小板凝集、降血脂、抗动脉粥样硬化、抗衰老、防瘤和抑瘤等功效（曹庆穗等，2004）。大蒜可以作为硒，特别是有机硒的载体，因此可望作为一种理想的天然补硒食物。

蒜素（2–丙烯基硫代亚磺酸烯丙酯）（图5.3.1）是大蒜中具有生物活性的砜和砜类化合物的总称。在新鲜大蒜中，没有游离的蒜素，只有它的前体物质——蒜氨酸，约占大蒜总质量的0.25%。蒜氨酸以稳定无臭的形式存在于大蒜中，当大蒜被加工或受到物理机械冲击后，蒜中的蒜酶被激活，催化分解蒜氨酸为蒜素，其具有蒜的辣味。蒜素是一种广谱抗菌物质，具有活化细胞、促进能量产生、增加抗菌及抗病毒能力、加快新陈代谢、缓解疲劳等多种药理功能，因此是大蒜发挥广泛药效的重要成分。另外，蒜素可与其他物质（糖类、脂类、蛋白质等）结合产生复合作用，能更有效地发挥上述药效，并减少大蒜的辣味（曹庆穗等，2004）。

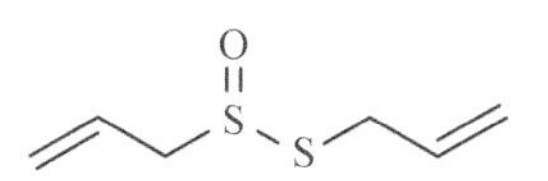

图5.3.1　蒜素的结构

关于大蒜的营养及功能，我国最早的文字记载见于《本草纲目》，其中详细地描述了大蒜的解毒、消炎、健脾等作用。大蒜不仅可以调味，而且可防病健身，常用于医药和食品工业生产中。当大蒜作为人们日常食用的传统蔬菜和调味品时，可以促进新陈代谢、缓解疲劳、刺激消化器官分泌消化酶、促进上皮增生、加速创伤愈合。而当大蒜作为保健食品的重要原料时，又具有抗菌、抗病毒、增强免疫力、降血脂、降血糖、保肝、抗癌等功效。由此可见，大蒜的食用价值和药用开发前景无限。

第四节　香　菇

香菇［*Lentinus edodes*（Berk.）Sing］，为口蘑科香菇属的珍贵食用菌，起源于我国，是世界第二大菇。香菇肉质肥厚细嫩，味道鲜美，香气独特，营养丰富，是一种药食同源的食物，具有很高的营养、药用和保健价值。

5.4　视频：香菇

一、香菇的产量与区域分布

据中国食用菌协会统计，自2012年以来，香菇就已成为我国产量最大的食用菌，2017年我国香菇产量达到了986万t。目前，我国香菇主产区可分为东南（福建、浙江）、华中（湖北、河南）、东北（辽宁、吉林）和西南（四川、重庆、云南）四大产区。但我国香菇栽培的工厂化比例较低，代料栽培和段木栽培仍是主要的栽培方式。

二、香菇的文化与栽培历史

我国是世界上最早认识和栽培香菇的国家。早在公元前239年，《吕氏春秋·本味篇》中就有了食用香菇的记载："味之美者，越骆之菌。"其中，"菌"即香菇。《槎东云川吴氏宗谱》记载了一位名叫吴三公的浙江农民，首次发现了味鲜无毒的香菇，并发明了香菇栽培术——"砍花法"和"惊蕈术"，后来被尊称为"菇神"。后世为纪念他，建造菇神庙，定农历七月为庙会，年年祭祀他，形成了独特的"香菇文化"。

三、香菇的品种与外观形态

香菇又被人们称为香菌、花菇、香蕈。在分类学上，香菇隶属于担子菌亚门层菌纲伞菌目口蘑科香菇属。按生产季节，香菇产品有秋菇、冬菇、春菇之分，以冬菇品质最优。按照商品特点，香菇可以分为花菇、厚菇（冬菇）、薄菇。食用菌子实体的外观结构一般可分为菌盖、菌褶、菌环、菌柄和菌托等部分。对于常见的商品香菇子实体，我们经常把它分为菌盖和菌柄两部分。

四、香菇的贮藏与加工利用

新鲜香菇的子实体水分含量高、呼吸代谢旺盛，所以香菇采后容易发生开伞、失水、菇柄伸长、木质化等品质劣变现象。食用菌保鲜的基本原则是：尽量减少子实体的自身代谢，延缓损耗。因此，冷藏和气调是香菇保鲜常用的方式。香菇贮藏温度以 0 ～ 5℃，气体成分以 2% ～ 3% O_2、10% ～ 13% CO_2，空气湿度以 80% ～ 90%为宜。若湿度过低，香菇水分易过度散失，从而导致子实体收缩而降低保鲜效果。

我国香菇加工的产业现状是以初加工为主，精深加工品缺乏，干制品和罐藏品占市场香菇制品的 90%左右。近年来，随着食用菌加工技术的不断发展，香菇的精深加工技术与产品层出不穷，主要分为以下 5 类。

1）香菇主食化加工技术及产品。比如利用超微粉碎、面团改良等技术加工制成香菇馒头、香菇挂面，利用食用菌–谷物复配加工技术研发制成香菇面包、香菇方便米粉等。

2）香菇即食休闲产品。比如利用低温油炸或冷冻干燥技术研制香菇脆片，利用挤压膨化技术研制香菇营养棒、香菇薯片等膨化食品。

3）香菇风味调味产品。比如利用复合酶解和美拉德增香等技术研制香菇酱油、香菇精，利用复合菌种发酵技术研制香菇酱、香菇醋等。

4）香菇饮品。比如结合传统发酵工艺制备香菇糯米甜酒、香菇酸奶、香菇果汁等产品。

5）香菇功能产品。比如利用超声波提取、膜分离等技术制备香菇多糖注射剂、压片糖等药用或保健产品。

五、香菇的营养与功能

香菇在民间素有“菇中皇后”“山珍”的美誉。每 100g干香菇中含有蛋白质 13g，脂肪 1.8g，碳水化合物 54g，粗纤维 7.8g，灰分 4.9g，维生素 B_1 0.07mg，维生素 B_2 1.13mg，烟酸 18.9mg。此外，每 100g 干香菇中还含有一般蔬菜所缺少的维生素 D 源（麦角甾醇）260mg，人体吸收后，经太阳光照射后转为维生素 D_2，可以促进骨骼生长，预防佝偻病。

香菇中共有氨基酸成分 16 种，其中必需氨基酸 7 种；总氨基酸含量为 1.379mg/g，其中必需氨基酸总量达 0.318mg/g，占氨基酸总量的 23%（按干质量计）。香菇中富含的赖氨酸是人体必需氨基酸之一，能促进人体发育、增强免疫功能，并有提高中枢神经组织功能的作用。由于谷物食品中的赖氨酸含量甚低，因此，日常食用香菇可以起到菇粮互补的功效。

香菇中的矿物元素含量丰富。1g可食部分的香菇干品含锌 132mg、铁 3.252g、钙 3.965g、钾 22.013g、镁 2.707g、钠 399mg、锰 72.5mg，因此，香菇可作为补充钙、锌、铁的良好来源（何永，2011）。

香菇中还含有多种活性成分，具有良好的药用价值。如香菇中的多糖、嘌呤、水溶性木质素等具有良好的保健功能，能预防和治疗多种疾病。香菇多糖具有抗癌、增

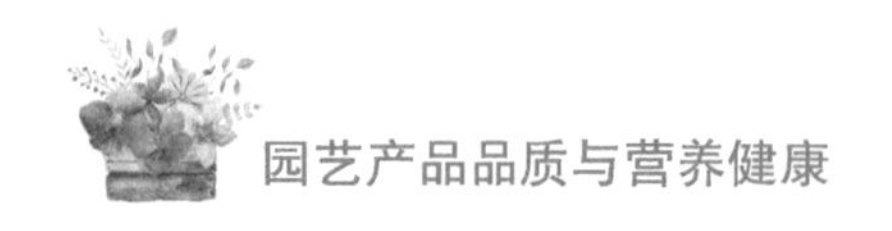

强免疫力、保肝和降低胆固醇的作用，嘌呤能降血脂、抗血栓。此外，在香菇中含有的少量脂肪中，油酸、亚油酸等不饱和脂肪酸占比在90%以上。菇柄中还含有一定量具有抗氧化活性的黄酮类化合物和萜类物质，均有益于人体健康。

第五节 芹 菜

芹菜，又称胡芹，属伞形科芹属植物，品种繁多，在我国有着悠久的种植历史和大范围的种植面积。其茎、叶均可食用，不仅香脆可口，而且营养丰富，是烹饪佳肴的优选食材。

5.5 视频：芹菜

一、芹菜的产量与区域分布

据《中国农业统计资料》数据，2003 年，我国芹菜的种植面积达 54.3 万 hm^2，总产量达 1795.5 万 t；此后 10 年，芹菜的种植面积较为稳定地保持在 55 万 hm^2 左右，约占蔬菜总种植面积的 3%，年总产量 2000 万 t 左右，在我国蔬菜生产中占据重要地位。芹菜在全国各地均有栽培，其中河北遵化和玉田、山东潍县和桓台、河南商丘、内蒙古集宁等都是芹菜的著名产地（代艳娜，2020）。

二、芹菜的文化与栽培历史

芹菜原产于地中海沿岸的沼泽地带，如今在世界各国均已普遍栽培。我国芹菜栽培始于汉代，至今已有 2000 多年的历史，起初仅作为观赏植物种植，后作食用。经过不断地驯化培育，形成了细长叶柄型芹菜栽培品种，即旱芹（*Apium graveolens* L.）。

栽培芹菜应选择地势较高、排灌方便的地域以及土质疏松且肥沃的沙壤土。芹菜喜冷凉、湿润的气候，不耐高温，属半耐寒性蔬菜。其幼苗生长缓慢，苗期长，易受杂草危害，因此，种植时应注意加强田间管理。

三、芹菜的品种与外观形态

芹菜的茎具有匍匐性，呈细长状，走茎发达，节生根；叶片近圆形，有V形缺口，边缘浅裂，裂片有钝锯齿。品种分为旱芹、水芹、西芹 3 种：药用以旱芹为佳，又因其香气较浓，又名药芹、香芹；水芹又称水英、楚葵，对栽培条件要求较低；西芹又称洋芹、美芹，是从欧洲引进的芹菜品种，与本芹（旱芹、水芹）的营养价值相似，但其植株紧凑粗大、叶柄宽厚，有黄色、绿色和杂色 3 种。

四、芹菜的贮藏与加工利用

在日常生活中，芹菜多以鲜食为主，目前开发的加工产品种类较少，且初加工产品占绝大多数。为延长货架期，可将鲜切芹菜的茎叶脱水、冷冻、腌制或制成罐头，再进行销售。目前市场上已有脱水芹菜/芹菜粉、冷冻芹菜、腌制芹菜（咸菜、泡菜）、芹菜罐头、芹菜果蔬汁等相关产品。

芹菜籽可作为天然调味品，在西方国家中较为常见，通常以芹菜籽粉或芹菜籽油的方式出售。芹菜籽还可用于制作膳食补充剂，国外常见有芹菜籽精华片、西芹籽胶囊，对于治疗痛风、关节炎、泌尿系统结石具有一定的效果。此外，还有用芹菜籽精华制成的相关护肤品。

五、芹菜的营养与功能品质

芹菜中的维生素和矿物质含量丰富，其蛋白质和磷的含量比瓜类高出 1 倍，铁含量比番茄高 20 多倍。《本草纲目》中就对芹菜的药用价值进行了记载："旱芹，其性滑利。"中医认为，芹菜性甘凉，具有清热、利尿、降压、祛脂等功效。芹菜的药用历史悠久，古代医学典籍中有记载，其根、叶、种子均可入药，可用于缓解关节疼痛、治疗风湿性关节炎。此外，芹菜还具有镇静安神、平肝降压、利尿消肿、清热解毒、美白护肤的功效。

芹菜中具有许多药理活性成分，主要包括黄酮及其苷类化合物、挥发油化合物、不饱和脂肪酸、叶绿素、膳食纤维、香豆素衍生物等。芹菜籽中可分离出一种碱性成分，具有镇定安神的作用；芹菜中含有酸性的降压成分，因此食用芹菜具有一定的平肝降压效果；芹菜还具有养血补虚、清热解毒、醒酒保胃、减肥瘦身的功能。

芹菜素是芹菜中最主要的黄酮类化合物，化学名为 4'，5，7–三羟基黄酮，以黄色素的形式存在于植物体内，且以芹菜素–7–*O*–葡萄糖苷及其酰化衍生物结构为主，不溶于水，微溶于热的乙醇、甲醇溶液，可溶于二甲基亚砜（dimethyl sulfoxide，DMSO），且易受光照、温度、湿度的影响。芹菜素具有良好的生物和药理活性，但由于其水溶性差，导致其在研究和应用上受到限制。随着科学技术的发展，人们利用纳米晶体、固体脂质纳米粒、脂质体、自微乳、固体分散体、混悬剂、纳米胶束等技术，研制出了稳定的芹菜素制剂。有研究认为，芹菜素具有抗肿瘤活性，可能通过抑制癌细胞生长并诱导其凋亡，从而达到消除的目的。芹菜素还可通过多种途径发挥抗氧化的作用，是天然的抗氧化剂。此外，芹菜素还具有潜在的抗炎功效，有望在肺炎疾病的治疗上发挥作用。

芹菜中还含有丰富的膳食纤维，以纤维素、半纤维素和木质素为主。以芹菜为原料提取膳食纤维，作为食品添加剂添加到其他食品中，不仅增加了芹菜产品的附加值，还可以充分发挥芹菜的保健作用，推动芹菜产业的发展。

第六节 豌 豆

豌豆（*Pisum sativum* L.），为豆科豌豆属一年生攀缘草本植物，是世界第四大豆类作物。豌豆种子及嫩荚、嫩苗均可食用，具有丰富的营养成分和良好的加工特性，既可用于烹饪成为日常餐桌上的美味佳肴，又可作为营养方便食品的加工原料。

5.6 视频：豌豆

一、豌豆的产量与区域分布

豌豆为半耐寒性作物，喜温和、湿润的气候，不耐燥热，抗旱性差，为长日照作物，对泥土的适应性较广，对土质的要求不高。甘肃、宁夏、青海是我国三大豌豆主产区。2016 年国内豌豆的种植面积为 146 万亩，产量为 21 万 t。我国也是豌豆进口大国，近年来我国豌豆的进口量逐年上升，据统计，2017 年我国的豌豆进口总量约为 128.5 万 t，对外依存度依然较高。

二、豌豆的文化与栽培历史

豌豆起源于亚洲西部和地中海地区，后传入印度北部，经中亚细亚传至中国，并从汉朝开始种植。孙思邈的《备急千金要方》中云："青小豆一名胡豆，一名麻累。"其中"胡豆""麻累"皆指的是豌豆。《本草纲目》中记载，"山戎，豌豆也，其苗柔弱宛宛，故得名豌豆，种出胡戎，今北土甚多"。豌豆不仅可食用，还具有中和下气、解毒消肿的药用功效。

三、豌豆的品种与外观形态

豌豆又名寒豆、麦豆、雪豆、毕豆、麻累等，是一年生攀缘草本。高 0.5 ～ 2.0m，全株绿色，花冠颜色多样，随品种而异，但多为白色和紫色。

按照籽粒色泽，豌豆可分为青豌豆、黄豌豆 2 种。按照用途，豌豆可分为粮用豌豆和菜用豌豆 2 种。粮用豌豆质硬，淀粉含量较高，常作为大田作物栽培；菜用豌豆的果荚有软有硬，软荚种整个果实在幼嫩时均可供食用，硬荚果皮坚韧，仅幼嫩种子可食用。

常见的豌豆品种有'甜脆''草原 31''京引 8625''灰豌豆''中豌 8 号'等。

四、豌豆的贮藏与加工利用

豌豆采后易衰老变质，主要表现为豆荚黄化、失水皱缩和木质化，同时易受微生物的侵染而发生褐斑病，因而不耐贮藏。目前，新鲜豌豆常用的贮藏方法有速冻、气调等。速冻豌豆的生产量在速冻蔬菜中占有较大比例，豌豆经脱粒、分级、清洗、烫漂后速冻处理，可较好地保持豌豆原有的外观和营养，且冻藏温度越低，质量变化越小，贮藏期越长。气调贮藏多用于食荚豌豆，可较好地保留豆荚的营养成分。干豌豆的用途十分广泛，干豌豆磨粉后可用于加工成粉丝、粉条等，也可与其他禾谷类作物粉混合制作面条、馒头等主食产品；此外，还可制作成豌豆黄、豌豆糕、豌豆脆等休闲小食品。

五、豌豆的营养与功能

1. 豌豆蛋白

豌豆蛋白具有良好的吸水性、乳化性、起泡性等，可作为食品添加剂用于休闲食品的制备中，用以改善产品品质和营养结构，同时具有降血压、降血脂、减轻胃肠积气等多种生理功能。由于蛋白质的溶解性和可消化性较差，导致豌豆蛋白不能在人体内充分发挥其生物活性。如果将豌豆蛋白采用酶解、微生物发酵等方法制备豌豆肽，不仅能更大限度地利用豌豆蛋白的营养价值，还能使其生理活性大大提高，是深度利用豌豆蛋白资源的有效方法。此外，豌豆肽还具有较好的保水性、吸油性和凝胶成型性，可作为肠道营养剂，促进肠道益生菌的生长。

2. 豌豆多糖和多酚

豌豆中的多糖溶解性好、黏度低且无豆腥味，可代替果胶成为新型的食品添加剂；豌豆中的多酚可作为天然的抗氧化剂、防腐剂，以及酒类、果汁等的澄清剂。

3. 豌豆膳食纤维

豌豆粒的种皮部分可用于提取膳食纤维，豌豆膳食纤维的颜色浅、气味淡、价格低廉，是一种理想的食用纤维。有研究表明，豌豆中水溶性膳食纤维对脂肪、胆酸钠及胆固醇有较强的吸附能力，对自由基具有较强的清除能力，还具有一定的还原能力。因此，豌豆膳食纤维具有改善糖代谢、降低血清胆固醇、促进糖酵解等功能，对糖尿病、心血管疾病、结肠癌等疾病有一定的预防作用。

4. 其他功能成分

豌豆胚芽粉既是常用的天然乳化剂，也是赖氨酸增强剂，在制作婴儿食品、保健食品和风味食品方面具有广泛的用途。此外，豌豆籽粒中含有较为丰富的植酸，可作为果蔬及水产品的保鲜剂和护色剂；豌豆中所含的胆碱、蛋氨酸有助于防止动脉硬化；豌豆所含的止权酸和赤霉素等物质，具有抗菌消炎、增强机体新陈代谢的功能。

第七节　南　瓜

南瓜［*Cucurbita moschata*（Duch. ex Lam.）Duch. ex Poiret］，为葫芦科南瓜属的一年生蔓生草本植物，又名麦瓜、番瓜、倭瓜、金冬瓜。南瓜营养丰富，食用价值高，其果实可作肴馔，亦可代粮食，也可作为粮食工业和罐头工业的原料，还可作饲料，在世界各国普遍栽培。

5.7　视频：南瓜

一、南瓜的起源和发展

南瓜是人类最早栽培的古老作物之一，品种繁多，果实形状、大小、品质各异，色彩缤纷，多样化十分突出。1936 年，我国园艺学家、浙江大学教授吴耕民先生根据法国罗典的分类意见，将南瓜的 3 个主要栽培种命名为中国南瓜、印度南瓜和美国南瓜。但事实上，中国、印度和美国都不是南瓜植物的起源地，那么既不是初生起源中心，便只能称之为栽培中心（褚盼盼，2007）。

据美国农业部葫芦科专家怀特克尔的多年研究和联合国粮食及农业组织（简称“联合国粮农组织”）艾斯奎纳斯–阿尔卡扎的全球报告，南瓜属植物起源于美洲大陆。具体地说，南瓜的几个栽培种起源于美洲大陆的 2 个中心地带：一是墨西哥和中南美洲，是美洲南瓜、中国南瓜、墨西哥南瓜，可能还有黑籽南瓜等栽培种的初生起源中心；二是南美洲的秘鲁南部、玻利维亚和阿根廷北部高原、智利北部，尤其以科迪勒拉山脉东坡为中心，是印度南瓜栽培种的初生起源中心（褚盼盼，2007）。

美洲印第安人经过长期驯化，培育出了南瓜栽培种。据墨西哥的一些文献记载，大约 9000 年前，南瓜野生植物开始被驯化，到地理大发展前夕，南瓜在美洲印第安纳部落被普遍栽培。1492 年，哥伦布成功远航美洲，南瓜开始在世界范围内传播。欧洲是南瓜离开美洲后最先登陆的大洲。南瓜在亚洲的传播则奠定了亚洲成为世界第一南瓜生产大洲的地位，因为亚洲多国均盛产南瓜，中国更是世界上最大的南瓜生产国、出口国和消费国。在长期的栽培过程中，世界各国形成了历史悠久的南瓜文化。特别是在欧美国家，许多节日中南瓜成为主角，其中最为出名的就是万圣节中的南瓜灯。

二、南瓜的品种

南瓜在分类学上属于双子叶植物纲葫芦目葫芦科南瓜属植物。通常提到的南瓜植物，主要是指南瓜属的 5 个栽培种：黑籽南瓜（*Cucurbita ficifolia* Bouche.），又称云南黑籽南瓜、鱼翅瓜；印度南瓜（*Cucurbita maxima* Duch ex Lam），又叫西洋南瓜、金瓜、笋南瓜、营养南瓜；墨西哥南瓜（*Cucurbita mixta* Pangalo），又叫灰籽南瓜、米线瓜、搅丝瓜；美洲南瓜（*Cueurbita pepo* L.），又称西葫芦、金丝瓜、笋瓜、角瓜等；中国南瓜[*Cucurbita moschata*（Duch ex Lam）Duch ex Poiret]，又叫倭瓜、北瓜、番瓜、玉瓜、日本南瓜等。

目前生产生活中，常见的南瓜栽培种有以下几种。

1. 蜜本南瓜

早熟杂交种，果实底部膨大，瓜身稍长，近似木瓜形；老熟果黄色，有浅黄色花斑；果肉细密甜糯，品质极佳；单果质量为 2.5 ～ 3.0kg。

2. 黄狼南瓜

上海市优良地方品种，植株生长势强，茎蔓粗，分杈多，节间长；第一雌花着生于主蔓第 15—16 节，以后每隔 1 ～ 3 节出现雌花；果实长棒槌形，纵径约 45cm，横径 15cm左右；果皮橙红色；果肉厚，肉质细腻，味甜，较耐贮运；单果质量为 1.5kg左右。

3. 大磨盘南瓜

北京市优良地方品种，第一雌花着生于主蔓第 8—10 节；果实呈扁圆形，状似磨盘，横径 30cm左右，高约 15cm；嫩果皮色墨绿，完全成熟后变为红褐色，有浅黄色条纹；果肉橙黄色，含水分少，味甜质面。

4. 小磨盘南瓜

早熟品种，第一雌花着生于主蔓第 8—10 节；果实呈扁圆形，状似小磨盘；嫩果皮色青绿，完全成熟后变为棕红色，有纵棱；果肉味甜质面；单果质量为 2kg左右。

5. 蛇南瓜

中熟品种，果实蛇形，种子腔所在的末端不膨大；果肉致密，味甜质粉，糯性强。

三、南瓜的营养功能与开发利用价值

（一）南瓜的营养保健功能

南瓜营养丰富、全面，果实、茎、叶、花和种子都含有多种营养物质，个别品种根系也营养丰富，淀粉含量高。

1）南瓜多糖是一种非特异性免疫增强剂，能提高机体免疫功能，促进细胞因子生成，通过活化补体等途径对免疫系统发挥多方面的调节功能。

2）南瓜中的果胶含量较高（最高 2.03%），果胶有很好的吸附性，能黏结和消除体内细菌毒素和其他有害物质，如重金属中的铅、汞和放射性元素，起到解毒作用（罗丹娜等，2014）。

3）南瓜含有的生物碱、葫芦巴碱、南瓜籽碱等生理活性物质，能消除和催化分解

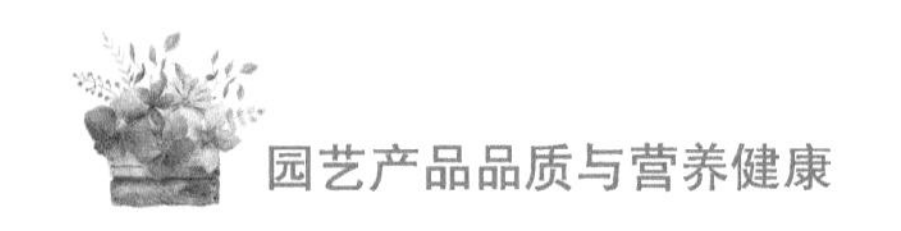

致癌物质亚硝胺，有效防治癌症。葫芦巴碱也有促进新陈代谢的作用，能帮助肝、肾功能弱的患者增加肝、肾细胞的再生能力。

4）南瓜中的β-胡萝卜素含量是决定南瓜营养价值和品质的重要因素。β-胡萝卜素在机体内可转化成具有重要生理功能的维生素 A，对调节上皮组织的生长分化、维持视觉正常、促进骨骼发育具有重要的生理功能（王洪伟等，2004）。

5）南瓜中含有人体所需要的多种矿物质，具有高钙、高钾、低钠的特点，有利于预防骨质疏松和高血压，特别适合中老年人和高血压患者食用。此外，还含有磷、镁、铁、铜、锰、铬、硼等元素（王洪伟等，2004）。

6）南瓜中的甘露醇，不仅是重要的营养物质，而且有较好的通便作用，可以减少粪便中的毒素，增加人体对疾病的抵抗能力。

7）南瓜籽中的不饱和脂肪酸如亚油酸、亚麻酸等对泌尿系统疾病及前列腺增生具有良好的治疗和预防作用。

8）除南瓜果肉、种子有很大药用价值外，南瓜蒂有养血安胎、消瘀化结、解毒的作用；南瓜瓤可以治烫伤、火伤；南瓜瓤中的超氧化物歧化酶，还具有减肥、美容等多种功效。

（二）南瓜的利用价值

南瓜有极为丰富的物种多样性、遗传多样性及生态多样性，因而其用途也多种多样。南瓜的利用除基本的菜用烹饪外，主要利用方向在南瓜制品加工、医药化工、南瓜籽炒货加工、饲用等方面，并且随着科技的发展，人们对南瓜的加工利用水平不断提高。

1. 菜用烹饪

南瓜可生食、熟食或腌渍、凉拌等，是制作菜肴的上好原料。

2. 果肉加工制品

常见的有南瓜粉、南瓜汁、南瓜泥、南瓜酱、南瓜脯、南瓜果胶、南瓜果冻、南瓜粉丝、南瓜挂面、南瓜蜜饯、南瓜酱油、南瓜罐头、脱水南瓜片等（王萍等，1998）。南瓜加工制品种类繁多，随着人们对南瓜有效成分认识的不断深入，加工工艺不断改进，南瓜加工必将向高科技、高附加值的产业化方向发展。

3. 南瓜籽加工

这是南瓜系列产品发展的重点，基本加工制品有南瓜籽炒货、南瓜籽乳饮料、南瓜籽油等。

4. 饲料产品

南瓜果实直接用于饲料，或用于生产南瓜粉后的下脚料已被广泛用于饲料产品的加工中。

5. 保健药品

南瓜中含有大量的生理活性物质，对人体的药用价值已被证实，因此开发南瓜特效药品势在必行。

第八节　辣　椒

辣椒（*Capsicum annuum* L.），为茄科辣椒属一年生或多年生草本植物，俗称牛角椒、长辣椒、菜椒、灯笼椒，广泛分布于中国大陆的南北各地。辣椒风味独特、营养丰富、颜色鲜艳，可鲜食或干食，也可被加工制成辣椒酱罐藏。

5.8　视频：辣椒

一、辣椒的起源与发展

辣椒起源于新大陆的热带和亚热带地区，栽培历史悠久，具有极丰富的野生种和近缘种质资源。于 1493 年到达西班牙，1548 年传至英国，16 世纪下半叶传遍欧洲，同期经西班牙人、葡萄牙人传入印度、日本，16 世纪末辣椒由秘鲁经墨西哥来到中国，同时由于壬辰倭乱（万历朝鲜战争），辣椒从日本传入朝鲜，17 世纪才传遍东南亚各国。作为“酸、甜、苦、辣、咸”五味中最年轻的一员，辣椒的出现毫不留情地取代了花椒、胡椒等作物在辛味大军中的一部分地位，并且叱咤食坛 400 余年（丁宥希，2018）。

甜椒是辣椒属的一个变种，由辣椒在北美洲演化而来。甜椒传到欧洲的时间比辣椒晚，18 世纪后半叶从保加利亚传入当时的俄国，中国引入的时间约在 19 世纪末。

我国关于辣椒的最早记载出现在 1591 年高濂所撰的《遵生八笺》中，文曰：“番椒丛生，白花，果俨似秃笔头，味辣，色红，甚可观。”如今，我国已经成为世界第一大新鲜辣椒生产和出口国，2019 年的辣椒产量居世界第一，总产量为 1990.7 万 t。而单从国内辣椒种植情况来看，2017 年的辣椒种植面积已经超过 2000 万亩，占世界辣椒种植面积的 35%，占全国蔬菜种植面积的 10%，仅次于全国大白菜的种植面积；辣椒的经济总产值超过 700 亿元，产值和效益均居蔬菜作物之首。

二、辣椒的分类

按果实特征，辣椒主要分为以下 5 个类型。

1. 长角椒类辣椒

株型矮小至高大，分枝性强；叶较小或中等；果实一般下垂，为长角形，先端尖，微弯曲，似牛角、羊角、线形；果肉薄或厚，辛辣味浓，可供干制、盐渍或制辣椒酱。

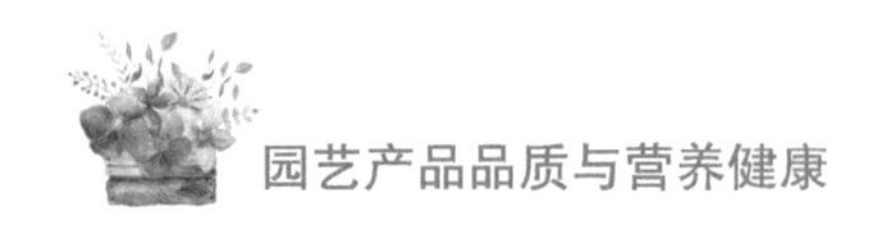

2. 甜柿椒类辣椒

又称柿子椒、甜椒或灯笼椒。味甜或具轻辣味，主要适于鲜食；植物体粗壮而高大，叶矩圆形或卵形，长 10 ～ 13cm；果梗直立或俯垂；果实硕大，呈圆球形、扁圆形、短圆、锤形；果面常具 3 ～ 4 条纵沟；果肉肥厚，大者单果质量在 200g以上，结果数较少。

3. 樱桃类辣椒

株型中等或矮小，分枝性强；叶较小，卵圆或椭圆形，先端渐尖；果实朝天或斜生，圆形或圆锤形，小如樱桃，故得此名；果色有红紫、黄色；果肉薄，种子多，辛辣味强。

4. 簇生类辣椒

株型中等或较高，分枝性不强；叶较长；果实簇生，每簇 3 ～ 5 个或 7 ～ 8 个；果梗朝天或下垂；果色深红；果肉薄、辛辣味强、油分高；果实晚熟、耐热、产量低，主要供干制调味。

5. 圆锤类辣椒

株型中等或矮小；叶中等大小，卵圆形；果实呈圆锤形或短圆柱形；果梗朝天或下垂；果肉较厚，辣味中等，主要供鲜食。

三、辣椒的品质要素

辣椒的品质要素主要包括色泽、风味、质地和营养这 4 个方面。

辣椒因品种、取样时期不同，颜色有很大差异。生长前期以绿色居多，生长后期以红色居多，还有其他颜色如黄色、紫色及各种中间色。辣椒的色泽直观地影响着消费者的选择。

辣椒按风味不同可分为甜椒和辣椒 2 类：甜椒味道不辣或极微辣，是非常适合生吃的蔬菜，越红的甜椒所含有的营养素可能越多；辣椒通常用作调味料，主要评价指标为辣度。

辣椒不仅色泽艳丽，呈味独特，还具有较高的营养价值。辣椒中维生素 C 含量最高，其他营养素如维生素 A（维生素 B、维生素 K）、蛋白质、胡萝卜素、脂肪酸、红色素、辣椒碱、挥发油、钙、磷、铁等人体必需的营养元素和矿物质含量也不少。辣椒有杀菌、防腐、调味、驱寒等功能，对人类防病、治病等起到了积极作用。

挑选鲜辣椒时要注意果形与颜色应符合该品种特点，如颜色有鲜绿、深绿、红、黄之分；其品质要求大小均匀，果皮坚实，肉厚质细，脆嫩新鲜，不裂口，无虫咬，无斑点，不软，不冻，不烂等。根据烹饪需要，如制作泡菜宜选老熟红色果，而作鲜菜炒食宜选绿色嫩果。

四、辣椒与健康

辣椒可以鲜食或干贮，保证四季不断，随时可吃。新鲜辣椒上市时，甜椒肉厚味甘，可以炒吃；辣椒味辛辣，可以生吃、盐渍、凉拌、做泡菜，也可以晒干挂藏，以及制成辣椒酱、辣椒油、辣椒粉等，或制成辣椒罐头。吃辣椒对四川、湖南等省的人来说，是一种享受和嗜好，可以佐膳，增进食欲，帮助消化，还可促进血液循环，驱寒解表，活络生肌。

1. 维生素 C

辣椒中的维生素 C 含量在蔬菜中居首位，是番茄的 7 ～ 15 倍，可以提高免疫力，预防癌症、心脏病、脑卒中，防治坏血病，保护牙齿、牙龈等，对牙龈出血、贫血、血管脆弱等症有辅助治疗作用。每人每天吃上 60g新鲜辣椒，即可满足人体对维生素 C 的需求。

2. 维生素 A

辣椒中的维生素 A 可促进眼内感光色素的形成，防治夜盲症和视力减退，可治疗多种眼疾。一根红辣椒大约含有 5000U 的维生素 A，可满足成年人每天对维生素 A 的需求。

3. B族维生素

在 B 族维生素中，辣椒所含的主要成分是维生素 B_2、维生素 B_3 和维生素 B_6。维生素 B_2 又名核黄素，人体缺少它时易患口腔炎、皮炎、微血管增生症等。人体需求量最多的是维生素 B_3，它不但是维持消化系统健康的维生素，也是性激素合成不可缺少的物质。维生素 B_6 与维生素 B_1、维生素 B_2 合作，共同消化、吸收蛋白质和脂肪，使进入人体的食物得到充分的分解，营养得到有效的吸收。

4. 维生素K

辣椒中的维生素 K 是动物体内生成凝血酶原的重要物质，具有防治新生婴儿出血性疾病，预防内出血及痔疮，减少生理期大量出血以及促进血液正常凝固的作用。

5. β-胡萝卜素

辣椒富含的 β-胡萝卜素，能保持眼角膜的润滑及透明度，保护眼睛的健康；可强化免疫系统，增强抵抗力，预防白内障，保护眼睛晶状体的纤维部分。

6. 辣椒素

辣椒中辣椒素含量的多少因品种而异，一般含量为 17% ～ 27%。辣椒素是一种抗氧化物质，可以阻止有关细胞的新陈代谢，从而终止细胞组织的癌变过程，降低癌变率。也能够促进新陈代谢，防止体内脂肪积存，有利于减肥。

此外，辣椒辛温，能够通过发汗而降低体温，并缓解肌肉疼痛，因此具有较强的解热镇痛作用。辣椒强烈的香辣味能够刺激唾液和胃液的分泌，增加食欲，促进肠道蠕动，帮助消化。但值得注意的是，过多食用辣椒素会剧烈刺激胃肠黏膜，引起胃痛、腹泻和肛门烧灼刺痛，诱发胃肠疾病，促使痔疮出血。因此，食用辣椒应适量。

章测试题五

（一）单项选择题

1.（　　）是判断西蓝花品质的主要指标。

A. 色泽　　B. 质地　　C. A、B都不是　　D. A、B都是

2. 每人每天食用（　　）鲜番茄，即可满足人体对多种维生素和矿物质的需要。

A. 0～50g　　B. 50～100g　　C. 100～150g　　D. 150～200g

3. 芹菜的维生素和矿物质含量丰富，其铁含量比番茄高（　　）多倍。

A. 10　　B. 20　　C. 30　　D. 40

4. 芹菜属（　　）蔬菜。

A. 耐寒性　　B. 半耐寒性　　C. 喜温性　　D. 耐热性

5.（　　）首次发现了味鲜无毒的香菇，并发明了香菇栽培术——“砍花法”和“惊蕈术”，后来被尊称为“菇神”。

A. 吴三公　　B. 李时珍　　C. 华佗　　D. 神农

6. 香菇贮藏的适宜空气湿度为（　　）。

A. 60%～70%　　B. 70%～80%　　C. 80%～90%　　D. 90%～95%

（二）多项选择题

1. 西蓝花的品种按色泽可分为（　　）西蓝花。

A. 绿色　　B. 深绿　　C. 微紫色　　D. 白色

2. 西蓝花的可食用部分有（　　）。

A. 花球　　B. 花茎　　C. 种子　　D. 根

3. 在B族维生素中，辣椒含有的主要成分是（　　）。

A. 维生素B_1　　B. 维生素B_2　　C. 维生素B_3　　D. 维生素B_6

4. 紫皮蒜的蒜瓣少而大，辛辣味浓，产量高，但耐寒性差，（　　）地区适宜春播。

A. 华北　　B. 华南　　C. 东北　　D. 西北

5. 大蒜采后可以使用（　　）进行贮藏。

A. 挂藏法　　B. 架藏法　　C. 窖藏法　　D. 机械冷藏法

6.（　　）和（　　）是香菇的主要栽培方式。

A. 代料栽培　　B. 段木栽培　　C. 接种栽培　　D. 砍花栽培

（三）判断题（正确的打“√”，错误的打“×”）

1. 在气调贮藏法中，大蒜鲜藏中氧气含量愈高，二氧化碳含量愈低，抑制发芽的效果愈显著。（　　）

2. 我国是世界上最早认识和栽培香菇的国家。早在公元前239年，《吕氏春秋》中就有了食用香菇的记载：“味之美者，越骆之菌。”其中，“菌”即香菇。（　　）

3. 孙思邈在《备急千金要方》中云：“青小豆一名胡豆，一名麻累。”其中，“胡豆”“麻累”皆指的是豌豆。（　　）

4. 番茄果实的风味来源于可溶性固形物，主要是可溶性糖和有机酸。（　　）

5. 按果实特征，辣椒主要分为以下4类：长角椒类辣椒、甜柿椒类辣椒、樱桃类辣椒、簇生类辣椒。（　　）

6. 番茄独特的香味是由醇类、醛类、酮类等化合物赋予的。（　　）

7. 大蒜中的蒜素是一种广谱抗菌物质，具有活化细胞、促进能量产生、增加抗菌及抗病毒能力、加快新陈代谢、缓解疲劳等多种药理功能。（　　）

8. 芹菜中有许多药理活性成分，主要包括黄酮及其苷类化合物、挥发油化合物、不饱和脂肪酸、叶绿素、膳食纤维、香豆素衍生物等。（　　）

（四）思考题

1. 应该如何挑选出高品质的西蓝花？

2. 生活中常见的番茄品种有哪些？各有什么优点？

3. 从色泽、香味、风味、质地、营养这5个角度，思考这些品质要素对消费者选择蔬菜的影响？

※参考文献

曹庆穗, 徐为民, 严建民, 等, 2004. 大蒜的功能成分及其保健功效. 江苏农业科学(6): 134-136.

褚盼盼, 2007. 中国南瓜种质资源遗传多样性研究. 武汉: 华中农业大学.

代艳娜, 2020. 我国芹菜上农药登记情况及现状分析. 农药市场信息(4): 36.

丁宥希, 2018. 进击的辣椒. 科学大观园(6): 8-11.

何永, 2011. 香菇营养成分研究进展. 农产品加工(4):140-141.

康雅, 2010. 大蒜的营养成分及其保健功能. 中国食物与营养(9): 75-77.

罗丹娜, 金玉忠, 李志民, 等, 2014. 绿色食品: 南瓜生产技术规程. 吉林蔬菜(12): 8-9.

王洪伟, 徐雅琴, 2004. 南瓜功能成分研究进展. 食品与机械, 20(4): 56-58.

王萍, 赵清岩, 1998. 南瓜的营养成分药用价值及开发利用. 长江蔬菜(7): 1-3.

苑甜甜, 2018. 我国大蒜价格波动特征及影响因素分析. 河北, 保定: 河北农业大学.

赵前程, 2006. 我国青花菜品种选育及其生产应用. 当代蔬菜(1): 18-19.

第六章

常见花卉与人体健康

长期以来，花卉以妩媚的风姿点缀着人类社会，是美的使者与象征。事实上，作为植物重要组成部分的鲜花不仅具有观赏价值，还具有食用和药用价值，是独具特色的美食和保健原料。我国幅员辽阔，可食花卉种类繁多，仅云南就有 700 多种。开发利用丰富多样的可食花卉，拓宽了食物的边界，满足了人民群众日益多元化的食物消费需求，优化了居民膳食结构，践行了党的二十大关于大食物观的要求。我国可食花卉种类繁多，仅云南就有 700 多种。食花现象作为我国一种悠久的文化传统，早已成为民族文化的组成部分。

第一节　牡　丹

6.1　视频：牡丹

牡丹（*Paeonia suffruticosa* Andr.），为芍药科芍药属多年生落叶灌木，花色丰富，花型优美，被誉为“花王”，在清代末年，就曾被当作中国的国花。有许多诗词颂扬牡丹的观赏价值，如“唯有牡丹真国色，花开时节动京城”“春来谁作韶华主，总领群芳是牡丹”等。牡丹在我国种植范围很广，尤以菏泽、洛阳牡丹为最。

通常讲的牡丹是指芍药属下面的牡丹组，共有9个种：牡丹（*P. suffruticosa*）、矮牡丹（*P. jishanensis*）、凤丹（*P. ostii*）、紫斑牡丹（*P. rockii*）、卵叶牡丹（*P. qiui*）、四川牡丹（*P. decomposita*）、中原牡丹（*P. cathayana*）、滇牡丹（*P. delavayii*）和大花黄牡丹（*P. ludlowii*）。在2019年北京世界园艺博览会上的“牡丹芍药竞赛”中，通过花期调控技术，我国9个牡丹野生种首次同台亮相，震撼国内外游客。

牡丹全身都是宝，除观赏外，还有药用、食用等价值。随着科技的发展，牡丹的食用和保健功能被挖掘出来，对牡丹产业化的形成和发展起到了推动作用。

一、牡丹的营养成分

1. 总蛋白及总糖

常见的5个洛阳牡丹品种（‘凤丹白’‘日暮’‘赵粉’‘红珠女’和‘粉中冠’）花瓣中总蛋白含量在122.9～215.3mg/g之间（按鲜质量计，下同），其中‘赵粉’花瓣中的蛋白质含量最高且远高于其他品种；各品种牡丹花瓣中总糖含量较接近，在65.4～83.3mg/g之间（图6.1.1）。综合两者含量，以‘赵粉’花瓣的营养物质含量相对较高，其他4个品种相差不大（刘萍等，2012）。

2. SOD活性与维生素C含量

上述5个牡丹品种花瓣中的维生素C含量差别较大，其中‘日暮’花瓣中的维生素C含量最低（837.2μg/g），‘凤丹白’花瓣中的维生素C含量最高（1850.6μg/g），5个牡丹品种花瓣中的SOD活性相差则不大，最大差值为40U/g（图6.1.2）。

3. 矿质元素

牡丹花瓣、花粉及牡丹籽油中都含有矿质元素，花粉中钾、钙和镁含量较牡丹花瓣及籽油高，钠、锌、铁、锰和铜在牡丹的这3个部位含量相似。在花粉中可检测到微量的硒和铅。

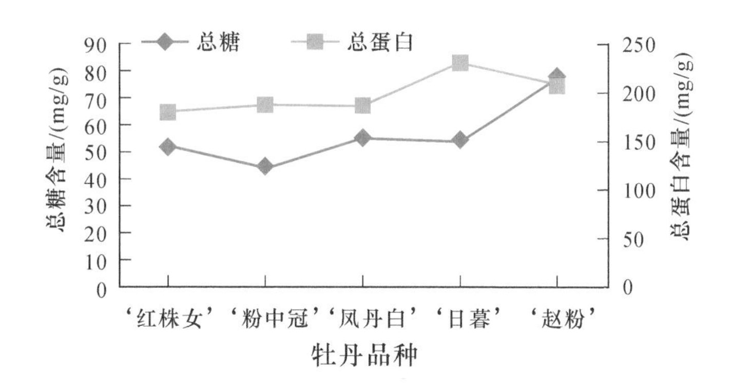

图6.1.1　不同品种牡丹花瓣中总糖和总蛋白含量（按鲜质量计）

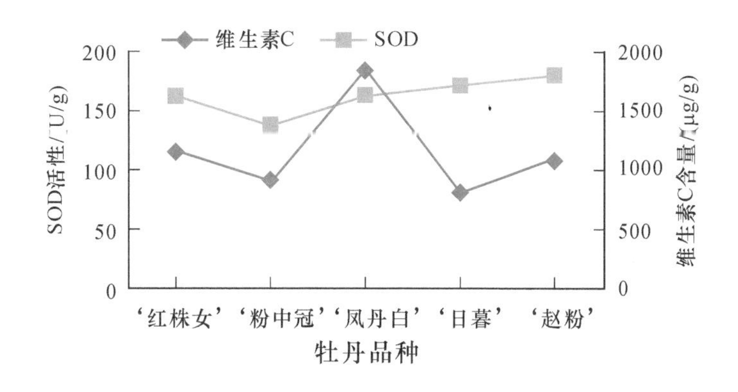

图6.1.2　不同品种牡丹花瓣中SOD活性及维生素C含量（按鲜质量计）

4. 脂肪酸

牡丹籽以高 α–亚麻酸含量而闻名。牡丹籽含油率在22%以上，脂肪酸以棕榈酸、硬脂酸、油酸、亚油酸和亚麻酸为主，不饱和脂肪酸总含量达92.42%，其中亚麻酸含量达41.86%，均高于其他食用油（表6.1）。

二、牡丹的功能性成分

1. 糖苷

牡丹丹皮中含有芍药苷、苯甲酰芍药苷、氧化芍药苷（图6.1.3）等多种糖苷成分，均有抗血小板凝集的作用。在牡丹籽中也检测到了不同种类的糖苷，6' –*O*–*β*–*D*–吡喃葡萄糖基苯乙烯、芍药苷和 *β*–龙胆双功能芍药苷的含量较高，另外还含有少量的氧化芍药苷、白芍药苷、吡啶基芍药苷等成分。

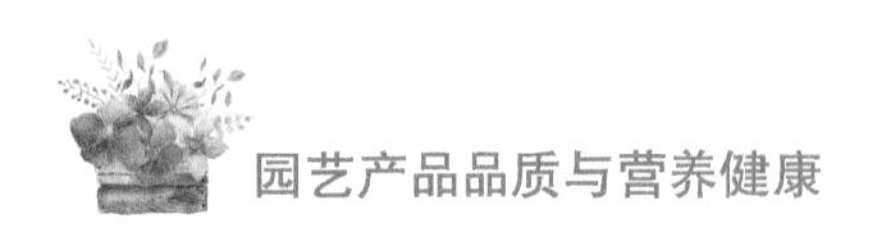

表6.1　牡丹籽油与其他食用油中优质脂肪酸成分的比较

%

油脂	饱和脂肪酸	不饱和脂肪酸			
		油酸	亚油酸	亚麻酸	合计
牡丹籽油	7.20	21.85	28.71	41.86	92.42
茶油	9.90	78.80	9.00	2.30	90.10
橄榄油	14.00	77.00	8.00	0.30	90.10
葵花籽油	13.40	18.40	63.20	4.50	86.10
玉米油	13.80	26.30	56.40	0.60	83.30
花生油	17.70	39.00	37.90	0.40	77.30
大豆油	15.20	23.60	51.40	6.70	82.00
菜籽油	12.60	56.20	16.30	8.40	80.90
棉籽油	27.00	18.00	54.00	0	72.00
芝麻油	12.50	49.30	37.70	0	87.00
红花油	1.30	14.50	74.20	0	88.70
深海鱼油	20.00～30.00	20.00～45.00	1.00～7.00	20.00～26.00	70.00～80.00

芍药苷　　苯甲酰芍药苷　　氧化芍药苷

图6.1.3　牡丹丹皮中糖苷的结构

2. 黄酮类化合物

从滇牡丹6个花色花瓣中分析并鉴定出7种黄酮类化合物，分别是异鼠李素二糖苷、杞柳苷、槲皮素、木犀草素单葡萄糖苷、芹菜素葡萄糖苷、异杞柳苷、芹菜素。不同花色花瓣中黄酮类化合物的组成基本相同，仅含量各不相同（华梅等，2017）。

3. 酚类物质

丹皮酚（图6.1.4）是牡丹根皮中的重要有效成分，具有镇静、催眠、抗菌、抗炎、抗氧化、降血压等作用。在日用化妆品方面，丹皮酚能抑制细胞内 $\cdot O_2^-$ 产生，淡化皮肤中沉积的色素，从而使皮肤增白。牡丹花瓣和雄蕊富含没食子酸等主要酚类成分。

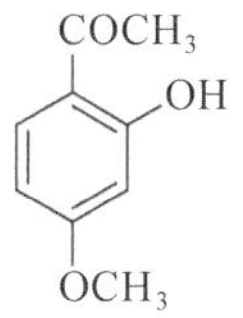

COCH$_3$
OH
OCH$_3$

图6.1.4　丹皮酚的结构

在牡丹种子中还检测到了儿茶素、表儿茶素、绿原酸、咖啡酸、对香豆酸（图 6.1.5）等酚类物质。

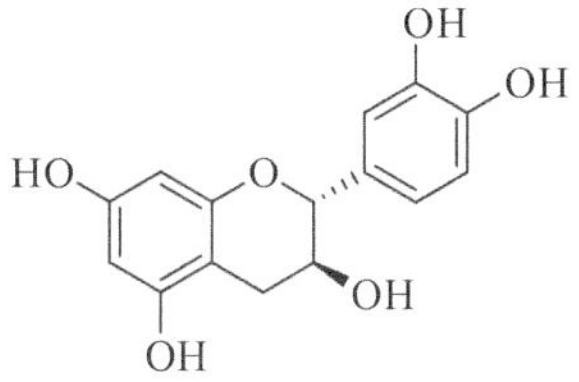

儿茶素 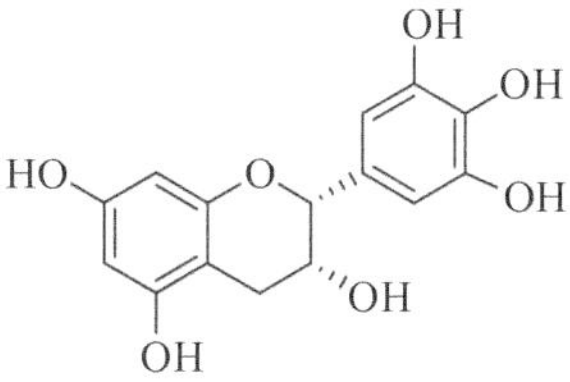　表儿茶素 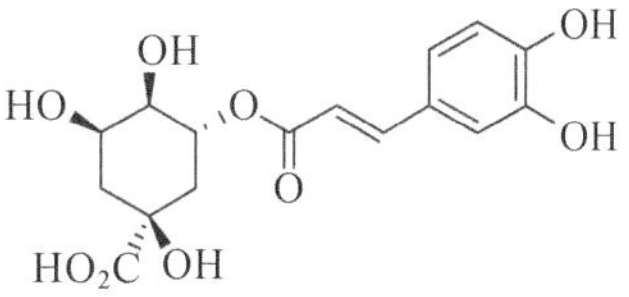　绿原酸

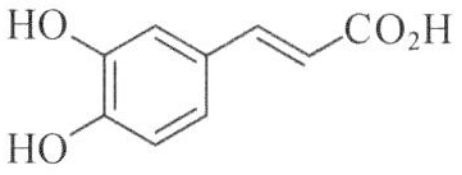

咖啡酸 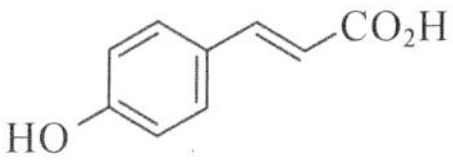　对香豆酸

图6.1.5　牡丹种子中酚类物质的结构

4. 花青素

牡丹花瓣中含有丰富的花青素，主要为芍药素、矢车菊素、天竺葵素的 3-*O*-葡萄糖苷和 3，5-*O*-二葡萄糖苷（图 6.1.6）。

不同颜色的花瓣中含有的花青素种类及含量也相差甚远。中国食用和药用的牡丹花卉主要是指紫色、粉红色、红色和白色的中国传统栽培品种，黄色品种很少见。与其他颜色的牡丹相比，紫色、粉红色和红色花含有丰富的花青素。尽管如此，它们的潜在抗氧化活性尚未得到评估，并且介导抗氧化活性的化合物仍不清楚。

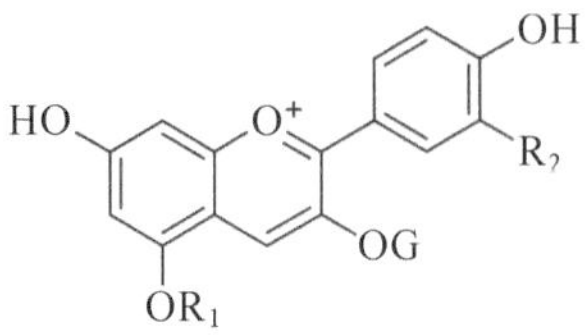

天竺葵素-3-*O*-葡萄糖：R_1=H；R_2=H
矢车菊素-3-*O*-葡萄糖：R_1=H；R_2=OH
芍药素-3-*O*-葡萄糖：R_1=H；R_2=OCH_3
天竺葵素-3，5-*O*-二葡萄糖苷：R_1=葡萄糖；R_2=H
矢车菊素-3，5-*O*-二葡萄糖苷：R_1=葡萄糖；R_2=OH
芍药素-3，5-*O*-二葡萄糖苷：R_1=葡萄糖；R_2=OCH_3

图6.1.6　牡丹花瓣中花青素的结构

三、牡丹的生物活性

牡丹性微寒，味辛。入心、肝、肾三经，能清热、活血、散瘀、止痛，还具有消炎抗菌、降血压的功效，长久食用可以美容养颜，延年益寿。汉代《神农本草经》中就有对牡丹“除症结瘀血，安五脏”的记载。所谓药食同源，在明代的《遵生八笺》中也有“牡丹新落瓣亦可煎食”的记载。由于其生物活性，牡丹常被用来制成丹皮，或将其花粉、花瓣用作食材。近年来，牡丹根、牡丹籽油中的生物成分及其活性备受关注。

1. 抗氧化

牡丹花瓣的抗氧化能力与其颜色深浅有关，深色牡丹品种的抗氧化能力高于浅色品种，且牡丹花水提液清除 · O_2^- 的效能高于清除 · OH 的效能。抗氧化性与槲皮素、山柰酚和木犀草素苷的总含量显著相关。牡丹的雄蕊也含有多种酚类物质，其 70%的甲醇提取物具有良好的抗氧化能力。牡丹根皮中的主要活性成分丹皮酚能抑制自由基的产生，具有抗氧化的药理作用。牡丹籽油富含油酸、亚油酸、亚麻酸等不饱和脂肪酸，也具有较强的抗氧化活性。此外，未经利用的牡丹籽壳提取物也含有多酚，并且具有抗氧化能力。

2. 抗肿瘤

丹皮酚除了具有抗氧化作用外，还具有抗肿瘤的作用，通过抑制肿瘤细胞增殖、诱导肿瘤细胞凋亡、抑制肿瘤细胞的迁移及侵袭、抑制肿瘤新生血管形成、引起免疫调节反应、抑制引发肿瘤的慢性炎症反应等形式发挥作用，对于癌症的治疗具有重要的研究价值。

3. 降血糖

牡丹含有大量的花色苷，还有多种酚类物质。前人研究表明，这些化合物具有较好的降血糖活性。牡丹籽油同茶多酚和银杏黄酮作为复方（如降血糖、降血脂的功能食品）的主要成分时，同绞股蓝皂苷和苦瓜提取物等辅药协同作用，可以很好地抑制 *α*-

淀粉酶和 α-葡萄糖苷酶的活性。牡丹籽油对于降低高血脂小鼠血脂水平、糖尿病小鼠血糖水平以及改善正常小鼠糖耐量具有明显的作用。

4. 抗动脉粥样硬化

牡丹的主要功能成分丹皮酚在抗动脉粥样硬化、抗惊厥和增强免疫功能等方面有积极影响。花色苷可以增加细胞内超氧化物歧化酶和谷胱甘肽转移酶的活性，减少 LDL 的氧化，进而抑制动脉粥样硬化的发生（姚雪倩等，2015）。

5. 抗炎及其他

在牡丹花色苷中，矢车菊素-3，5-二葡糖苷和天竺葵素-3，5-二葡糖苷具有阻止炎症发生的作用，且矢车菊素的抗炎活性比阿司匹林强。除此之外，牡丹花色苷在抗菌、降血糖、抗皱、抗衰老等方面也发挥着积极的作用。

四、牡丹的产品开发

1. 牡丹酒

牡丹根皮不但是一味中药，而且可以制成牡丹酒等保健食品。用丹皮泡酒饮用，有活血通络、滋补的功效。用牡丹花瓣酿制成的牡丹酒，色泽鲜丽，深红透亮，酒味甘香醇美。牡丹花蕊被誉为“植物黄金”，富含黄酮类化合物、多糖等活性成分，用其作为原料酿制成的酒品具有养生调理的功效。

2. 牡丹籽油

1997 年，赵孝庆发现了牡丹籽油并认识到其开发价值，解决了牡丹籽榨油中的关键性问题，对牡丹籽油的发展有突破性的贡献。2005 年以后，牡丹籽油成了大众关心的热点之一。2011 年，卫生部批准牡丹籽油成为“新资源食品”。牡丹籽油除了可以作为食用油外，还可作为化妆品用油和营养保健油。近年来，各相关领域对牡丹籽油的关注度急剧上升，其发展趋势可见一斑。

3. 牡丹花茶

牡丹花茶以盛花期的牡丹花瓣为原料制作而成，有白牡丹、黑牡丹、红牡丹花茶等，不同牡丹花茶的汤色及口味不同。随着技术的进步，冷冻、微波等干燥技术可以加工出牡丹全花茶，其泡开以后如水中芙蓉，既可饮用，又可欣赏。

牡丹花蕊中以雄蕊居多，富含多酚类物质，可以被加工制成花蕊茶。此外，将红、白两色的牡丹花瓣、丹皮与茶叶进行拼配，可以制作各具特色的牡丹普洱茶、牡丹红茶、牡丹白茶等。

4. 其他

牡丹花粉营养丰富，在开发美容和保健产品方面大有潜力。牡丹花还可提炼天然香精用于食品业，提取纯露用作美容化妆品。有关研究机构和医学专家，选用菏泽牡丹的根、茎、叶、花瓣等原料，制成“牡丹宴”，不仅色香味俱全，还具食疗药用功能。

我国有丰富的牡丹品种资源，成熟的栽培应用技术，悠久的历史文化底蕴，然而牡丹每年只开一次，且花期较短，观赏价值虽高，但用于园林绿化景观的效果有限，从而极大地影响了牡丹的发展。“民以食为天”，开发牡丹食用、药用及保健产品，不仅可以发挥其全身价值，而且可以为人类健康作贡献，拓展牡丹的应用领域，形成全产业链，促进牡丹产业的可持续发展。

第二节 芍 药

芍药(*Paeonia lactiflora* Pall.)，自古就作为爱情之花，被誉为“花相”和“花仙”，与“花王”牡丹十分相似，均为芍药科芍药属植物。辨别它们最简单的方法是看两者的地上茎部分：芍药为多年生草本，冬天地上部全部枯萎；而牡丹是木本，冬天落叶后地上茎秆依然存在。从花期早晚来看，牡丹的花期比芍药提早半个月左右；另外，两者的叶片、根系也有区别。

6.2 视频：芍药

芍药为江苏省扬州市市花，历史上‘广陵芍药’和‘洛阳牡丹’齐名。芍药作为“花相”，有一个“四相簪花”的典故：北宋庆历五年，时任扬州太守的韩琦在家中宴请王安石、王珪、陈升之等人，韩琦将‘金带围’芍药花摘下来，插在三位宾客的头上，同时也给自己插了一朵，后来四人都先后做了宰相。“扬州八怪”之一的黄慎曾以此主题绘制了一幅《四相簪花图》，流传至今。由于历史变迁，‘金带围’芍药失传，现今扬州大学培育的‘金科状元’芍药，与历史上的‘金带围’性状基本吻合。

芍药在我国已有4000多年的栽培历史，目前有500多个品种。芍药是一种非常重要的园林观赏花卉，也是一种高档的鲜切花，广泛用于婚庆、宴请等场合。除了观赏价值之外，芍药还具有重要的食疗保健和药用价值。

一、芍药的营养成分及食用价值

我国芍药食用历史悠久，可食部位多样，如根、芽、花（花瓣、花粉）、花蜜、芍药籽油等。

1. 芍药根

芍药根的食用价值在于它可入药，最早由《神农本草经》记载。芍药根有赤芍和白芍之分，两者炮制方法不同，功效也不同。除作为药材利用外，芍药根还能泡茶与制酒，如用药材白芍炮制的艳友茶、用芍药根调制的芍药生地酒。

2. 芍药芽

在元世祖忽必烈时期，芍药芽被制作成饮料，其中滦阳县（今河北迁西县西北）出产的芍药芽茶最为有名，人称“琼芽”，曾在元代作为贡品。

3. 芍药花

芍药花瓣含有可溶性糖（118.40mg/g，按鲜质量计，下同）、有机酸（4.34mg/g）、蛋白质（51.39mg/g）、维生素C（148.80μg/g）及钠、镁、钾、钙、锌、铁、锰、镍、钼、铬等矿质元素；含有 7 种人体必需氨基酸，约占氨基酸总量的 42%；营养成分含量以盛花期为最高。食用芍药花粥具有行血养阴、滋补养颜的作用。清代的《御香缥缈录》中记载，慈禧太后为了延年益寿，将芍药的花瓣与鸡蛋、面粉混合后油炸成薄饼食用。此外，芍药可用于加工成花茶和提取精油。

4. 芍药籽油

芍药籽的平均含油量为（32.44 ± 1.57）%，不饱和脂肪酸的含量在 91%以上，均超过牡丹、大豆、橄榄等植物，且含有维生素、γ–生育酚和 δ–生育酚等营养成分。α–亚麻酸是组成细胞膜和生物酶的基本物质，同时它具有调节血脂、血压和血糖，预防心血管疾病、癌症和炎症，增强免疫力，保护视网膜和促进大脑发育的生理功能。芍药籽油中的 α–亚麻酸含量高达（20.20 ± 0.69）%，药食两用（宁传龙，2015）。

二、芍药的功能性成分

自 1963 年日本学者首次分离出芍药苷以来，科研工作者陆续从芍药中分离得到多种化合物，主要有萜类、黄酮类、鞣质类、挥发油类和糖类等化合物。

1. 萜类化合物

萜类化合物是分子骨架以异戊二烯为基本结构单元的化合物及其衍生物。芍药中的萜类化合物主要是单萜类和三萜类，单萜成分有芍药苷、氧化芍药苷、苯甲酰芍药苷等 70 余种；三萜成分包括齐墩果酸（OA）、熊果酸（UA）、桦木酸、白桦脂酸等 20 余种。芍药不同器官中齐墩果酸和熊果酸含量差别很大，叶中的明显高于花和茎中的，叶中齐墩果酸和熊果酸含量约在 9 月中旬达到最大值（表 6.2）。不同品种芍药中，齐墩果酸和熊果酸含量分别在 0.066% ～ 0.620%和 0.036% ～ 0.630%之间。

2. 黄酮类化合物

芍药中的黄酮类化合物主要有山柰酚及山柰酚糖苷、二氢芹菜素、儿茶素、表儿茶素等。芍药干花瓣中总黄酮含量为 8.27mg/g，总酚含量为 19.17mg/g。

3. 鞣质类化合物

芍药中鞣质类化合物有没食子酸、没食子酸甲酯、没食子酸乙酯等 30 余种。

表6.2　不同芍药品种的不同器官中齐墩果酸（OA）和熊果酸（UA）的含量（按鲜质量计）

μg/g

成分	器官	‘杨妃出浴’	‘红峰’	‘粉珠盘’
齐墩果酸	叶	9.66	2.76	2.58
	花	3.57	0.13	0.11
	茎	1.37	0.25	1.89
熊果酸	叶	109.90	93.30	51.96
	花	3.63	2.62	1.31
	茎	1.69	0.49	8.88

4. 挥发油类化合物

芍药中挥发油的含量约为 1%，主要为牡丹酚、棕榈酸、亚油酸、桃金娘烯醛、芳樟醇、香叶基芳樟醇、金合欢基丙酮、α–松油醇等。

三、芍药的功能

白芍可养血柔肝，缓中止痛，敛阴收汗，具有治胸腹胁肋疼痛、泻痢腹痛、自汗盗汗、阴虚发热、月经不调等作用。赤芍可清热凉血，散瘀止痛，用于治疗温毒发斑、目赤肿痛、肝郁胁痛、跌打损伤、痈肿疮疡等病症（花艳敏，2015）。

近年来，通过体外和体内试验研究发现，芍药具有抗氧化、抗炎、抗菌、抗病毒、镇痛、抗癌、抗抑郁和抗肝纤维化等作用；对自身免疫性疾病、心脑血管疾病和神经退行性疾病也能起到改善和治疗作用。

目前，我国芍药制品以根居多，而对花瓣、花粉、花蜜、籽的开发还在起步阶段。在观赏栽培的同时，充分对花瓣、花粉、籽进行综合开发利用，提高其附加值是未来芍药发展的趋势。随着我国芍药种植面积的不断扩大以及精深加工体系的建立与完善，研究和开发功能性芍药保健食品将具有广阔的前景，并将带来巨大的经济效益。

第三节　玫　瑰

近年来，情人节送“玫瑰”已成为一种流行现象，但从植物学角度来看，市面上作为鲜切花出售的“玫瑰”均为月季。玫瑰（*Rasa rugosa* Thunb.）和月季都是蔷薇科蔷薇属（*Rosa* L.）植物，但两者有所区别。

玫瑰入药历史悠久，在《群芳谱》中就记载玫瑰花可“入茶，入酒，入蜜”，是很好的药食同源食物；2010 年，卫生部颁布相关法规将其纳入食品中，使得我国食用玫瑰产业迅猛发展。食用玫瑰的三大主产区分别是云南安宁、山东平阴和甘肃永登，加工的产品类型包括鲜花饼、玫瑰茶、玫瑰精油、玫瑰含片、玫瑰原浆、玫瑰花酱、玫瑰花蜜等。

6.3　视频：玫瑰

一、玫瑰的营养成分

鲜食玫瑰的蛋白质含量较高，维生素 C 含量极高（每 100g含 88.93 ～ 90.21mg），粗纤维含量丰富，脂肪含量较低，营养结构好，能量较低。

与常见水果苹果、梨的营养成分进行比较，食用玫瑰的营养成分含量远远高于普通的水果，钾、钙、铁、镁、磷含量均较高（表 6.3）。因此，食用玫瑰可作为补充人体必需矿质元素的食物。此外，食用玫瑰含有丰富的氨基酸，总含量为 1.22% ～ 1.44%，含有人体必需的 7 种氨基酸（苏氨酸、缬氨酸、蛋氨酸、异亮氨酸、亮氨酸、苯丙氨酸、赖氨酸），且所占比例较高，而第一限制性氨基酸——赖氨酸的含量也很高（表 6.4）。

表6.3　食用玫瑰与苹果、梨营养成分的比较

营养成分	食用玫瑰	苹果	梨
蛋白质/%	2.36～3.01	0.50	0.30
总氨基酸/%	1.22～1.44	0.34	0.18
每100g含维生素C/mg	88.93～90.21	6.01	4.10
钙/（mg/kg）	710.00～1300.00	72.20	100.00
铁/（mg/kg）	39.30～57.30	5.20	7.16
镁/（mg/kg）	340.00～430.00	50.00	100.00
钾/%	0.28～0.31	0.15	0.10
锰/（mg/kg）	2.79～6.81	0.29	0.61
磷/（mg/kg）	410.00～510.00	69.80	150.00

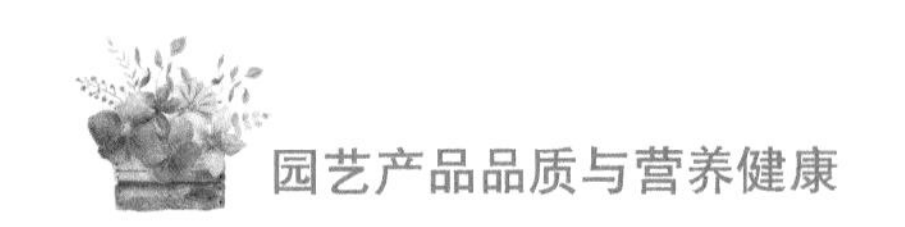

表6.4 食用玫瑰中氨基酸的含量

（刘家富等，2006）

%

氨基酸	大红玫瑰	粉红玫瑰	氨基酸	大红玫瑰	粉红玫瑰
天冬氨酸	0.110	0.068	异亮氨酸	0.027	0.028
苏氨酸	0.340	0.190	亮氨酸	0.028	0.014
丝氨酸	0.120	0.027	酪氨酸	0.013	0.014
谷氨酸	0.260	0.150	苯丙氨酸	0.041	0.040
脯氨酸	0.230	0.380	赖氨酸	0.042	0.041
甘氨酸	0.014	0.014	组氨酸	0.014	0.013
丙氨酸	0.094	0.095	精氨酸	0.013	0.068
缬氨酸	0.054	0.041	胱氨酸	0.013	0.014
蛋氨酸	0.012	0.011	总量	1.440	1.220

二、玫瑰的功能性成分

1. 黄酮类化合物

玫瑰花提取液中黄酮类化合物含量高达3.3%，主要包括芦丁、槲皮素、山柰酚、黄酮醇、二氢黄酮等（王多宁，2010）。

2. 酚类化合物

玫瑰花中的酚类化合物主要包括没食子酸、儿茶素和原花青素等，混合的原花青素含量占玫瑰花鲜质量的10%～20%。另外，玫瑰花提取物中还包含苯丙素和苯乙醇类化合物，它们是玫瑰花的主要香气成分。

3. 萜类化合物

易挥发的萜类化合物是玫瑰花中的主要芳香化合物。玫瑰精油中被检出含有大量的单萜化合物（如香茅醇、香叶醇、橙花醇、香叶基丙酮、*α*-松油醇、顺-玫瑰醚、反-玫瑰醚）和乙酸香叶酯、橙花醇乙酸酯等萜类衍生物。此外，玫瑰中含有大量的维生素E和胡萝卜素，可作为维生素补充剂予以开发。

4. 多糖类化合物

从和田玫瑰中提取了玫瑰多糖，提取率为73.3%，相对含量为78.30mg/g，玫瑰多糖对清除自由基（·OH、·O_2^-、DPPH·）和抑制脂质过氧化均有较强作用。

三、食用玫瑰的功能性

食用玫瑰除了可供人观赏、美化环境外，还具有神奇的保健作用。玫瑰初开的花朵及根可入药，有理气、活血、收敛等作用，主治月经不调、跌打损伤、肝气胃痛、乳腺肿痛等症。国家中医药管理局编著的《中华本草》中记载，玫瑰精油可以促进大鼠的胆汁分泌，可明显改善肝炎、胆囊炎、胆结石等疾病发作期的症状；另外还记载，玫瑰花浸提液可以解除小鼠口服酒石酸锑钾的毒性反应，同时具有抗血吸虫的作用。

像所有的天然产物一样，玫瑰花成分复杂，含有多酚类、黄酮类等多种化学成分，具有清除自由基、抗氧化、抗血栓、抗癌、抗炎、抗菌、增强免疫、降血脂和预防心脏病等生理活性。

玫瑰不同品种均具有较强的抗氧化活性，且以清晨 5 时到 6 时采收的玫瑰花蕾抗氧化活性最强。中、高剂量的玫瑰花黄酮粗提物可显著降低四氧嘧啶诱导的糖尿病小鼠血糖水平，玫瑰花中的槲皮素和没食子酸具有降低正常小鼠餐后血糖水平的作用。适量的玫瑰水提物（0.1% ～ 1.0%）可以明显延长果蝇的寿命，并具有延缓衰老的作用。玫瑰舒心口服液能减缓由冠状动脉堵塞所导致的心肌梗死、心肌缺血，具有扩张血管、强心的作用，可用于预防和治疗心血管疾病。玫瑰具有一定的抗菌、抗病毒作用，对临床分离的常见念珠菌有较强的抗菌活性，对人类肠道致病菌的抑制具有选择性，对双歧杆菌没有抑制作用，对乳酸杆菌有轻微的抑制作用，对普通拟杆菌、大肠埃希菌、金黄色葡萄球菌、蜡样芽孢杆菌、沙门氏菌有抑制作用，主要抑菌物质是水解的单宁。

四、玫瑰的产品开发

1. 食品类

玫瑰鲜花营养丰富且有浓郁香味，因此，各种玫瑰食品应运而生。玫瑰酱是最常见的一类玫瑰食品，可直接食用，也可作为甜品和饮料的加工原料。

玫瑰酱的加工方法有 2 种：一是传统的糖腌制法，不添加任何防腐剂，利用高浓度的糖来保鲜，保质期可达 3 ～ 5 年。该方法制得的玫瑰酱呈深褐色，仅用作食品加工如蛋糕、月饼等的辅料。另一种方法是采用现代食品加工方式，添加食品添加剂如护色剂柠檬酸、增稠剂果胶来保持玫瑰的色泽和产品口感，并经过高温灭菌。该法制得的玫瑰酱可保持较好的色、香、味、形，并可直接食用。

除了玫瑰酱，还有玫瑰月饼、玫瑰饮料、玫瑰酸奶、玫瑰糖等食品。玫瑰食品均以玫瑰鲜花原材料为基础，添加其他风味成分，通过不同的工艺配方，形成风味各异的玫瑰食品。

2. 保健品

玫瑰花茶是利用现代高科技工艺将鲜玫瑰花和茶叶的芽尖按比例混合窨制而成的高档茶，另一种是利用真空冷冻干燥、烘干等技术得到的玫瑰干花蕾。临床试验结果表明，玫瑰花茶富含人体所需的矿质元素，且比例优于茶叶，容易被人体吸收，具有较高的营养保健功能，具有降低人体收缩压和预防产后抑郁的作用。动物试验表明，玫瑰花

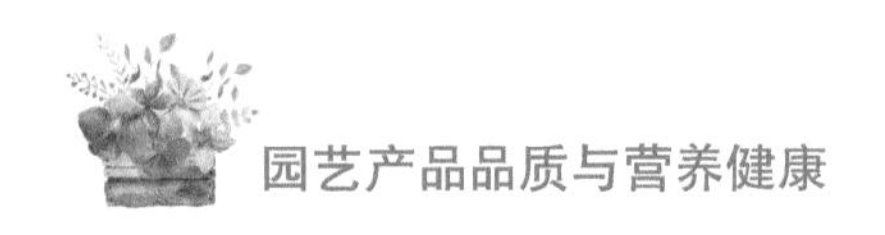

茶具有缓解压力的功效。因此，玫瑰花茶可作为营养保健品予以开发利用。

3. 美容产品和药品

市场上常见的玫瑰美容产品有玫瑰精油、玫瑰纯露、玫瑰细胞液、玫瑰超微粉等。

玫瑰精油是名贵的天然香料，是制造高级化妆品、香烟及食品的重要原料之一，为鲜花油之冠，具有“液体黄金”之美誉，每千克价格高达 7000 ～ 8000 美元（折合人民币 4.5 万元～ 5.2 万元），在抗抑郁、利尿、催眠、抗痉挛、强化心脏能力、镇咳、抗菌和美容等传统医学领域有着广泛的应用。

玫瑰纯露主要是水溶性物质，成分和玫瑰精油类似，可作为纯天然美容护肤化妆品直接使用，也可作为化妆品添加料，具有调节、修复、补水、保湿、抗过敏、美白、养肤、淡化黑眼圈等作用，任何皮肤均适用，尤其是对缺水性皮肤的改善效果更明显。

玫瑰细胞液是玫瑰鲜花中的挥发性物质在低温条件下冷凝而成的液体，其香气成分和玫瑰纯露接近，因此玫瑰细胞液也可作为化妆品原料加以开发。

玫瑰超微粉和玫瑰色素是近几年玫瑰精深加工研究的热点，二者均可以作为原料应用于食品、药品、化妆品中，开发前景广阔（郑淑彦等，2016）。

五、玫瑰加工产业现状、问题与发展举措

食用玫瑰因其营养价值丰富、保健功能突出，被越来越多的人所喜爱。我国是食用玫瑰种植大国，但目前以生产玫瑰精油及粗加工产品为主，生产规模较小，附加值较低，且有大量的玫瑰水、玫瑰渣被废弃。

今后要加大食用玫瑰的综合开发与利用，充分利用玫瑰花的营养特性和药用价值，将重点放在产品的深度开发上。可利用高新分离技术提取食用玫瑰中对人体有益的功能成分，如芳香油、黄酮类化合物、多糖等，研制出高附加值的药品、食品和化妆品，助推我国食用玫瑰产业的蓬勃发展。

第四节　荷　花

荷花，是植物学上莲（*Nelumbo nucifera* Gaertn.）的通称，属于睡莲科莲属，为水生草本植物，是重要的水生花卉。荷花花期 6—9 月，有红、粉、白、紫等色。种类甚多，分藕莲、籽莲、荷花莲 3 类。荷花栽培应用历史悠久，其以高尚品格自古至今深受人们的喜爱，如宋代理学家周敦颐赞誉荷花“出淤泥而不染，濯清涟而不妖”。1985 年，荷花被评为中国十大名花之一。

6.4　视频：荷花

一、荷花的营养成分

1. 荷花花粉

荷花花粉资源丰富，营养成分齐全，且配比均衡，具有很好的开发利用价值。荷花花粉中蛋白质含量为20.32%，可溶性糖含量为22.28%，氨基酸总量为26.41%，必需氨基酸占氨基酸总量的45.90%，其构成与联合国粮农组织和世界卫生组织（1973）提出的理想蛋白质中人体必需氨基酸的含量模式接近，维生素与矿质元素的含量亦较丰富（表6.5 ～ 6.8）。

表6.5　荷花花粉中总氮、蛋白质、可溶性糖的含量

%

项目	总氮	蛋白质	可溶性糖				
			葡萄糖	果糖	蔗糖	麦芽糖	合计
含量	3.25	20.32	5.22	5.84	4.98	6.24	22.28

表6.6　荷花花粉中氨基酸种类及含量（按每100g计）

氨基酸	含量/g	百分比/%	氨基酸	含量/g	百分比/%
天冬氨酸	3.28	12.42	亮氨酸	2.04	7.72
苏氨酸	1.29	4.88	络氨酸	0.90	3.41
丝氨酸	1.40	5.30	苯丙氨酸	1.31	4.86
谷氨酸	3.43	12.98	赖氨酸	2.67	10.10
甘氨酸	1.26	4.77	组氨酸	0.69	2.61
丙氨酸	1.55	5.87	精氨酸	1.24	4.69
胱氨酸	0.71	2.68	脯氨酸	0.33	1.25
缬氨酸	0.98	3.71	色氨酸	0.26	0.88
蛋氨酸	1.81	6.85	总氨基酸	26.41	100.00
异亮氨酸	1.26	4.77	必需氨基酸	12.12	45.90

表6.7　荷花花粉中维生素含量（按每100g计）

mg

项目	水溶性维生素				脂溶性维生素				
	维生素B_1	维生素B_2	维生素B_6	维生素C	维生素A	维生素D	维生素E	β-胡萝卜素	烟酸
含量	1.07	2.11	9.43	21.76	10.17	0.74	74.31	4.33	14.68

表6.8　荷花花粉中矿质元素含量（按每100g计）

元素		含量 / mg
常量元素	磷	440.000
	钾	220.000
	钠	6.000
	钙	300.000
	镁	66.000
微量元素	铁	45.000
	锌	24.000
	铜	4.000
	铝	8.000
	锰	3.000
	钛	0.300
	硼	1.700
	钼	0.400
	锶	0.450
	锗	0.028
	硒	0.019

2. 荷花花蕾

对荷花花蕾烘干制品的内含物成分进行分析发现，粗蛋白含量为 14.86%，氨基酸组成成分与花粉相似；总糖、单宁是可溶性成分的主体物质；同时富含维生素 C 及钾、钙、磷、镁等矿质元素，钾含量高达 1.19%（表 6.9 ～ 6.10）。动物急性毒性试验、微核试验、Ames 试验及精子畸变试验都表明，荷花是一种安全、可靠、无任何毒副作用的物质。

表6.9　荷花烘干花蕾中矿质元素含量

项目	磷/%	钙/%	钾/%	镁/%	铁/（mg/kg）	锌/（mg/kg）
含量	0.38	0.56	1.19	0.23	66.19	35.43

表6.10 荷花烘干花蕾中水溶性成分、单宁等含量

项目	水溶性成分/%	总糖/%	淀粉/%	单宁/%	黄酮苷/（mg/g）	维生素C/（μg/g）
含量	30.70	27.00	5.03	3.35	44.20	764.50

二、荷花的功能性成分

1. 黄酮类化合物

荷花中黄酮类化合物种类多、含量高，已知的有槲皮素、木犀草素、异槲皮苷、木犀草素葡萄糖苷、山柰酚、山柰酚-3-半乳糖葡萄糖苷、山柰酚-3-二葡萄糖苷等多种成分。黄酮苷总含量为44.20mg/g。对不同类型的14个荷花品种花瓣进行花色素成分分析及花色苷稳定性鉴定，发现荷花花色素的主要成分为黄酮类化合物，包括黄酮、黄酮醇、二氢黄酮醇等，不含类胡萝卜素。红莲型和粉莲型荷花花色素含有花色苷类物质；复色莲型荷花含有微量的花色苷类物质，可能分布在花瓣尖部。花色苷稳定性试验显示，在温度不超过50℃的范围内，花色苷含量不随温度升高而降低，而低pH有利于荷花花色苷的稳定。

2. 生物碱

荷花具有褪黑素生成抑制活性，部分经正相硅胶和反相十八烷基甲硅烷基（octadecylsilyl，ODS）色谱柱分离制备了的荷叶碱、降荷叶碱、*N*-甲基亚西米罗宾、亚西米罗宾、前荷叶碱、杏黄罂粟碱、降杏黄罂粟碱、*N*-甲基乌药碱、乌药碱，如图6.4.1所示。

3. 挥发油

采用顶空固相微萃取-气相色谱-质谱联用（GC-MS）技术分析测定5个品种荷花花瓣中的挥发性物质，共鉴定出74种挥发性成分，主要为烷烃类、烯烃类和醇类物质，占总峰面积的90%以上。采用水蒸气蒸馏法提取荷花的挥发油，利用GC-MS测定挥发油的组成成分，发现荷花花朵在盛开期共含有挥发油化合物73种，其中烃类占74.04%；花蕾期含有84种，烃类占77.50%。

4. 其他活性成分

荷花化学成分经初步筛选表明，所有的溶剂提取物都包含选择分析的化学成分。与苯、氯仿、石油醚、水相比，50%乙醇提取物包含生物碱、黄酮类化合物、多酚类、单宁、植物甾醇和糖苷等主要具有活性的植物化学成分，白荷花中的植物化学成分含量相对较高（表6.11）。

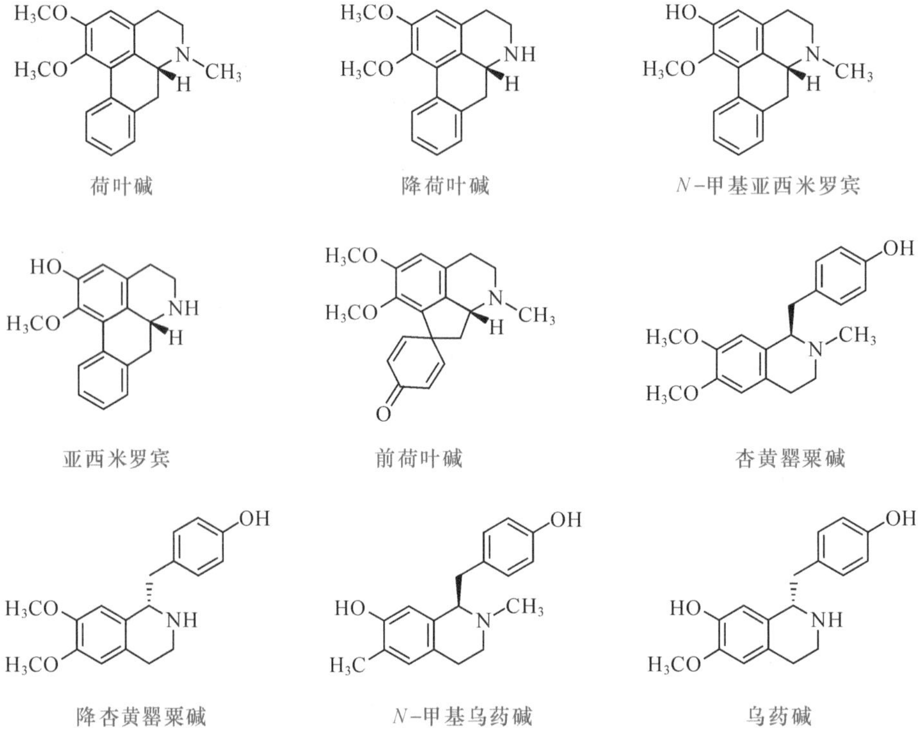

荷叶碱　　降荷叶碱　　N-甲基亚西米罗宾

亚西米罗宾　　前荷叶碱　　杏黄罂粟碱

降杏黄罂粟碱　　N-甲基乌药碱　　乌药碱

图6.4.1　荷花中生物碱的结构

表6.11　白荷花和粉红荷花在不同溶剂中提取植物化学成分的初步筛选

溶剂	品种	生物碱	黄酮类化合物	多酚类	单宁	植物甾醇	糖苷	皂苷
50%乙醇	白荷花	++	++	++	+	+	++	—
	粉红荷花	+	+	+	+	+	+	—
甲苯	白荷花	+	++	+	+	—	+	—
	粉红荷花	+	—	+	+	—	+	—
氯仿	白荷花	+	—	+	++	+	++	+
	粉红荷花	—	+	—	—	+	+	+
石油醚	白荷花	++	+	—	+	+	—	+
	粉红荷花	—	+	—	—	+	—	—
水	白荷花	+	+	—	—	+	—	+
	粉红荷花	+	+	—	—	—	—	—

注：“+”代表成分含量，数量越多则含量越高；“—”代表没有检测到相关成分。

三、荷花的生物活性

荷花的不同部位，包括叶、根、茎、种子和花，在传统医学中具有治疗各种疾病的潜力。

食用荷花能活血止血、祛湿消风、清心凉血、解热解毒等。荷花粥是常见药膳，具有清香化痰、清暑宁神之功效。荷花花粉具有美容、调养等功效。荷花花瓣亦可炸食，系以白荷花花瓣配蛋清、菠菜、面粉和精盐等烹制。在东南亚国家，荷花作为中药广泛用于治疗精神压力大、抑郁、失眠和认知障碍等中枢神经系统疾病。

1. 抗氧化

以抗坏血酸为对照，荷花花瓣具有较强的还原能力、清除 DPPH 自由基和羟基自由基的能力。荷花黄酮在猪油中的添加量为 0.6%时，即具有明显的抑制油脂氧化作用。离体灌注的荷花提取物在受到氧化胁迫的大鼠肾中表现出抗氧化活性，可使氧化应激反应程度随着剂量的增加而降低，而标记酶维持在正常水平。

2. 抑菌

抑菌实验结果显示，荷花提取物黄酮对细菌尤其是金黄色葡萄球菌的抑制效果较好，对酵母菌和霉菌的抑制效果较差。

3. 抗血小板

白色和粉红色荷花的不同质量浓度乙醇提取物（100 ～ 500μg/mL）均表现出有效的剂量依赖性的抗血小板活性，且在 500μg/mL 时活性最高。与粉红荷花相比，白荷花的抗血小板活性相对高一些，原因可能是生物碱、黄酮类化合物、多酚类、单宁、植物甾醇、糖苷和皂苷等植物化学成分含量在白荷花中较高。

4. 免疫调节功能

小鼠实验证明，荷花黄酮提取物可使小鼠外周血细胞总数明显增加，其中以淋巴细胞增加为主，同时胸腺质量和胸腺指数亦明显增加。

5. 抑制黑素生成

荷花与荷叶甲醇提取物对茶碱刺激的小鼠 B16 黑色素瘤 4A5 细胞黑素的生成有抑制效应（IC_{50}=5.6μg/mL），在 100μg/mL范围内没有细胞毒性。甲醇提取物中抑制黑素生成的活性成分是生物碱类化合物，其含量与活性抑制作用呈极好的相关性（r=0.9632）。从荷花提取物中分离获得的荷叶碱（IC_{50}=7.1μmol/L）、降荷叶碱（IC_{50}=3.9μmol/L）、杏黄罂粟碱（IC_{50}=6.5μmol/L）、降杏黄罂粟碱（IC_{50}=7.5μmol/L）、*N*–甲基乌药碱（IC_{50}=6.5μg/mL）、乌药碱（IC_{50}=3.9μmol/L）显示出相对较强的黑素抑制活性而没有细胞毒性，比熊果苷（IC_{50}=174μmol/L）阳性对照的潜力大。其中，降荷叶碱和乌药碱显示出特别强的黑素抑制活性，是熊果苷的 40 倍以上，是目前所知的该类天然产物中最强有力的黑素生成抑制剂（图 6.4.2）。

降荷叶碱　　　　乌药碱　　　　熊果苷

图6.4.2　黑素生成抑制剂的结构

6. 抗糖尿病

荷花在芬兰乌纳里医药中用于治疗糖尿病。荷花甲醇提取物可显著降低 2 型糖尿病小鼠血糖水平，增加胰岛素的敏感性，降低血清胆固醇水平，提高高密度脂蛋白与总胆固醇的比值，而不改变血清的胰岛素含量。

7. 改善记忆损伤和脑损伤

通过大鼠口服荷花提取物实验，发现荷花提取物是潜在的神经保护和记忆增强剂。氧化应激状态、成年神经发生以及胆碱能和单胺能功能的改善，可能是荷花提取物抗应激相关脑损伤和改善功能障碍的机制。

四、荷花资源利用

荷花的藕、叶片、花蕾、花梗、花朵、莲蓬、莲子和胚芽中均含有丰富的营养及活性成分，具有明显的补气益血、清热凉血、通便止泻、健脾开胃、增强人体免疫力等作用，因此广泛用于制作荷花美食（包建忠等，2011）。

荷花的莲子、藕都可以食用，荷藕体白、个大，营养丰富。夏藕解暑止渴，秋藕宜作藕菜，冬藕蒸煮，香甜酥烂。另外，藕粉、藕夹、莲子球、冰糖银耳莲子粥、雨荷花茶等小吃或饮料更是深受消费者的喜爱。

荷花全身是宝，在做好观赏利用的同时，应加大对荷花的营养和活性成分方面的研究，以及荷花食品、保健品和药品方面的开发，真正做到荷花资源的综合利用。目前，绝大多数地方是直接利用资源，少数保健产品尚处于粗加工阶段，未形成真正的规模化和高附加值生产，因此，我国荷花资源的产品开发和综合利用还有很大的发展空间。

第五节　茉莉花

6.5　视频：茉莉花

茉莉花［*Jasminum sambac*（L.）Aiton］，为木樨科茉莉属灌木，广泛种植于我国江苏、广西、福建、广东等省区，是江苏省省花、福建省福州市市花、广西壮族自治区横县县花。横县茉莉花是中国国家地理标志产品，距今已有六七百年的栽培历史，种植面积达 10.5 万亩，年产茉莉鲜花 8.5 万 t，占全国产量的 80%，占全世界产量的 60%。

茉莉花含有大量营养成分及活性物质，具有抗感染、抗肿瘤、抗癌、降血糖等功效。随着人们生活水平的提高，茉莉花除作为观赏外，其食用性和保健性更受关注。

一、茉莉花的营养成分

蛋白质与氨基酸是人体机体代谢的必需成分，茉莉花茶中的水溶性蛋白质含量约为 2%，并可以通过品饮直接被机体吸收利用。茉莉花茶中的氨基酸含量丰富（45.36mg/g，按鲜质量计，下同），包括天冬氨酸、苏氨酸、谷氨酸、甘氨酸、丙氨酸等，含量最多的是天冬氨酸（10.64mg/g）。茉莉花茶亦可为人体提供所需维生素，每 100g 茉莉花茶中含维生素C 80 ～ 90mg。茉莉花茶中也含有人体所需的矿质元素，例如磷、钾、钙、钠、镁、硫、铁、锰、锌、硒、氟、碘等，其中，锌和铁的含量较高（俞轩等，2018）。

二、茉莉花中的活性成分

茉莉花富含多种活性成分，主要包括多糖、黄酮、挥发油等物质。

1. 多糖

使用水浸（煮）醇沉法提取茉莉花中多糖粗品，定量分析结果表明，茉莉花的水溶性多糖含量约为 170mg/g。

2. 黄酮

采用超声波提取法提取黄酮，定量分析结果表明，茉莉花样品中黄酮含量为 48.97mg/g，大于合欢花、鸡冠花等其他花类。

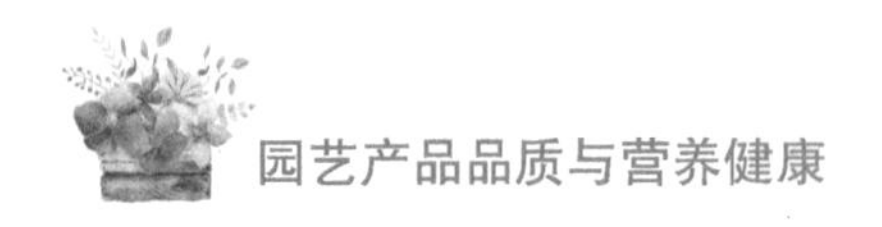

3. 挥发油

挥发油是茉莉花中主要的有效活性成分之一，主要包含橙花醇、乙酸顺-3-己烯酯、芳樟醇（图 6.5.1）等，其中芳樟醇的含量最高。陆宁等（2004）采用固相微萃取-气相色谱-质谱联用技术分析茉莉花精油，鉴定出了 41 种化学物质，其中 *N*，*N*-二丙基苯甲酰胺含量最高，达 12.75%。

橙花醇　　乙酸顺-3-己烯酯　　芳樟醇

图6.5.1　挥发油成分的结构

三、茉莉花的功能

茉莉花历来深受人们喜爱，早在明代李时珍所著的《本草纲目》中就有记载，称该花“辛热甘温，中和下气，僻秽浊，治下痢腹癖”。现代研究表明，茉莉花茶可以抑制人体脂质过氧化反应，增强人体免疫力，具有抗癌、降血脂、抗动脉硬化等功效。随着社会的发展以及人们生活水平的提高，茉莉花的保健功能逐渐成为人们日常生活中关注的焦点。茉莉花茶活性成分种类多，对不同需求群体均有着相应的保健作用。

1. 有助于降脂减肥

一直以来，肥胖都是影响人们身体健康的问题之一。研究表明，茉莉花茶可帮助肥胖人群降脂减肥。茉莉花茶可减少人体对食物中胆固醇和脂肪的吸收，通过提高体内消脂素水平发挥减肥、降血脂作用，并能增加红细胞数目以及血红蛋白含量，对预防高脂血症、脂肪肝以及红细胞减少型贫血具有积极意义（蒋慧颖等，2016）。

2. 有助于防衰老、抗氧化

随着生活条件的改善，人们对衰老及肌肤问题的重视程度逐步提高。茉莉花茶中提取的茶多酚具有抗脂质过氧化和清除自由基的作用，1%的茉莉花茶就可以延长寿命 1 倍以上。茉莉花茶能够保护红细胞膜免被自由基诱导氧化，儿茶素在人类低密度脂蛋白 Cu^{2+}介导氧化中表现出很强的抗氧化活性（蒋慧颖等，2016）。

3. 有助于提高免疫力

茉莉花茶浸出液能明显提高小鼠淋巴细胞转化率，但对中性粒细胞吞噬率无明显影响。淋巴细胞增殖法（MTT法）证实，茉莉花脱脑油和 B-Ⅱ能促进小鼠淋巴细胞生长。2%的茉莉花茶能够显著增强或者改善正常以及血虚小鼠细胞的免疫系统（蒋慧颖等，2016）。

4. 有助于抑菌、抗菌

日常生活中，细菌、病毒常常成为人们的困扰，而茉莉花茶的抑菌、抗菌作用较为显著。茶叶中的茶多酚和茶色素有抑制细菌生长的作用，可以茶漱口来缓解口腔溃疡和牙龈肿痛等口腔问题。临床口腔护理实验显示，茉莉花茶液有抗炎杀菌作用，可显著降低口腔中的细菌数，且效果优于生理盐水。此外，茉莉花茶渣中的提取物黄酮对体外普通变形杆菌、葡萄球菌、大肠埃希菌以及枯草芽孢杆菌都具有一定的抑制作用。

5. 有助于抗抑郁

茉莉花抗抑郁的保健功效在《本草纲目》等书目中就有记载。通过给小鼠灌喂茉莉花茶汤，并通过检测小鼠体征状态、行为学指标及全脑去甲肾上腺素（noradrenaline，NA）、多巴胺（dopamine，DA）和5-羟色胺（5-hydroxytryptamine，5-HT）等各种指标水平，证实了茉莉花茶具有抗抑郁的保健功效，为进一步研发针对精神衰弱人群抗抑郁的相关茉莉花茶保健产品奠定了基础。

6. 有助于降血糖

对造模高血糖大鼠灌胃茉莉花茶汤的试验表明，茉莉花茶汤能提高正常大鼠的糖耐量，同时减小血糖曲线下面积。不同剂量茶汤对STZ高血糖造模大鼠血糖均具有一定的控制作用，说明茉莉花茶对降血糖具有较好的辅助作用。此外，茉莉花茶渣中的提取物多糖对降低糖尿病小鼠血糖水平和改善糖尿病有一定的作用。

7. 有助于保护肾功能

采用茉莉花茶以及复方茶对小鼠进行防止急性肾衰竭试验，结果显示，2.5%茉莉花茶能够明显降低急性肾衰竭小鼠血清中分子物质（middle molecular substances，MMS）含量，证明茉莉花茶具有保护肾的功能。

8. 有助于抑制癌细胞活性

众所周知，吸烟易导致肺癌等疾病发生。加入含茉莉花茶的三乙酸甘油酯提取液能改善卷烟烟气品质，降低有害成分的含量。茉莉花茶对癌症患者体内的癌细胞活性也起到抑制作用。茉莉花茶渣中的提取物黄酮对体外肺癌 H-292 细胞株具有一定的抑制作用。

四、茉莉花的产品开发

茉莉花以制花茶为主，一种是纯茉莉花茶，另一种是选用特种绿茶和优质茉莉鲜花为原料窨制而成。另外也用于生产茉莉花茶饮料，满足消费者对于不同口味的需要。

近年来，广西横县一些企业把研发目标转移到茉莉花的精深加工上，已经开发出茉莉精油、茉莉香水、茉莉纯露、茉莉手霜、茉莉面膜、茉莉唇膏等产品，以纯天然、无化学添加剂为特色吸引消费者。

茉莉花作为天然植物资源之一，含有多糖、黄酮、挥发油等多种活性物质，目前主要用来加工成花茶，有关其深加工的研究较少，高端产品匮乏。为了满足人民对美好生活品质的追求，应深入发掘茉莉花的药用、养生、美容等方面的潜在功效，开发多种高附加值产品（如护肤品、保健品等），并对加工过程中产生的茉莉花茶渣进行综合利用，提高茉莉花的附加值，不断延伸茉莉花产业链，推动我国茉莉花产业的转型升级。

第六节　桂　花

桂花［*Osmanthus fragrans*（Thunb.）Lour.］，为木樨科木樨属常绿乔木或灌木，根据开花习性和花色可分为四季桂、金桂、银桂、丹桂和彩叶桂5个品种群。

6.6　视频：桂花

桂花是我国十大传统名花之一，不仅是园林绿化的优良树种，其花、果、根还有食用和药用价值。历史上已形成了湖北咸宁、江苏吴县、广西桂林、浙江杭州、四川成都五大桂花商品基地。桂花可泡茶、熏茶、浸酒或配制药膳，有开胃怡神，平肝散瘀之功效；用桂花制成的桂花糕、桂花粥等保健食品也深受人们喜爱。

一、桂花的营养成分

桂花营养丰富，我国一直有食用桂花的传统，如桂花糕、桂花糖、桂花酒、桂花茶等。

桂花花瓣含有可溶性糖、可溶性蛋白、维生素C、有机酸、脂肪酸、游离氨基酸及矿质元素等营养成分。不同桂花品种的可溶性糖含量为10.85～91.28mg/g，可溶性蛋白含量为14.70～59.28mg/g，维生素C含量为3.99～46.30mg/g，有机酸含量为1.56～3.78mg/kg，总游离氨基酸含量为53.73～151.05mg/g；各矿质元素含量分别为锌19.78～72.67mg/kg，铁52.47～207.98mg/kg，镁705.19～1541.31mg/kg，钙631.71～3679.83mg/kg，钠54.85～220.70mg/kg，钾9002.17～16979.13mg/kg。

不饱和脂肪酸是一种构成人体内脂肪不可或缺的脂肪酸，但是人体自身不能合成亚油酸、亚麻酸，必须从膳食中摄取。金桂花瓣的脂肪酸成分中，不饱和脂肪酸亚油酸和亚麻酸的相对含量分别为8.20%和10.81%；桂花籽中总不饱和脂肪酸比例高于花瓣，亚油酸和亚麻酸的相对含量分别为33.15%和6.44%，因此，桂花可作为人体补充不饱和脂肪酸的良好来源。

二、桂花的功能性成分

1. 黄酮类化合物

不同类型、不同品种的桂花花瓣中均含有黄酮类化合物，含量为61.94～288.98mg/g。在已经检测出的8种黄酮类化合物中，已确定乙氧基槲皮素、异鼠李素-3-*O*-芸香糖苷、芒柄花素-7-*O*-葡萄糖苷和丁香亭-3-*O*-芸香糖苷这4种物质，属于黄酮醇、异黄酮以及黄酮化合物，其中异鼠李素-3-*O*-芸香糖苷是桂花中最主要的黄酮类化合物。

2. 类胡萝卜素

桂花花瓣着色主要取决于类胡萝卜素的种类及含量，不同品种群间类胡萝卜素含量差异显著。α-类胡萝卜素和β-类胡萝卜素是丹桂所有品种和部分金桂品种的主要色素物质，对花色形成起决定性作用。部分金桂和四季桂品种除含有α-或β-类胡萝卜素外，还含有叶黄素；银桂所有品种均不含类胡萝卜素。类胡萝卜素为维生素A的主要来源，因此，从补充维生素A源的角度来看，丹桂的利用价值更高。

3. 香气成分

桂花香气有提神的功效，对疲劳、头痛有缓解的作用。桂花香气含多种香料物质，可用于提取香料。桂花香气成分复杂，其主要的香气化合物为醇类、酮类、酯类、萜类等，其中β-紫罗兰酮、α-紫罗兰酮、芳樟醇和反-氧化芳樟醇是桂花品种群的特征香气物质，共同形成桂花的基础香气。

三、桂花的生物活性

桂花的根、花、果均可入药，在《植物名实图考汇编》中记载了桂花子可治心痛；在《本草纲目》及《江苏药材志》中记载了桂花味甘、性温，具有驱寒暖胃、健肾平肝、止哕之功，根皮用于治胃痛、牙痛。

1. 抗氧化

桂花黄酮提取液对DPPH自由基的清除率达77%。桂花酶解物含有大量的酚类物质，其清除自由基的能力显著强于芦丁。动物实验表明，桂花黄酮提取物可以提高衰老小鼠体内谷胱甘肽的活性，通过清除机体内多余的自由基，保护蛋白质及相关抗氧化酶不受自由基的损害，从而维持细胞的存活率。

2. 抑菌

桂花中的黄酮成分有很好的抑菌活性，通过与苯甲酸钠的抑菌活性进行对比，发现纯化后的桂花黄酮提取物对枯草杆菌、大肠埃希菌、金黄色葡萄球菌均表现出显著的抑制效果。此外，桂花叶挥发油成分对金黄色葡萄球菌和红酵母菌也有一定的抑制效果。

3. 抗炎

桂花果实中分离出来的黄酮类化合物、环烯醚萜苷、齐墩果酸等化合物均有一定

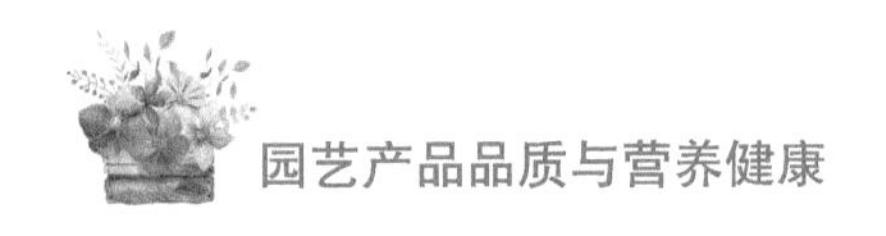

的抗炎活性。桂花根茎中分离的一种木脂素苷类成分（GH-0521）对对二甲苯引起的小鼠耳肿胀具有抗炎作用，且各组抑制率呈现一定的量效关系。

4. 降血糖

食物中涉及的淀粉等多糖，通过唾液淀粉酶以及胰淀粉酶消化成低聚糖或者寡糖等，随后经过小肠中的 α-葡萄糖苷酶的分解作用，被分解成为葡萄糖，最终被吸收。α-葡萄糖苷酶存在于小肠的各段，在对 α-葡萄糖苷酶进行抑制后，即会减少食物中的多糖，降低单糖的吸收（尹伟等，2015）。桂花叶和花石油醚提取物对 α-葡萄糖苷酶有一定的抑制作用，表现出剂量依赖性，且桂花叶提取物的活性高于花提取物。不同桂花品种石油醚提取物对 α-葡萄糖苷酶抑制作用有差异，如‘白洁’‘佛顶珠’的抑制活性高于败育丹桂以及金桂品种。

四、桂花的产品开发

桂花营养全面，香味浓郁，极具开发潜力。从桂花的生产加工来看，现有产品开发以粗放的晒制和腌制为主，如干桂花、桂花酒、桂花糖、桂花茶、桂花浸膏、桂花香精、桂花露等。

1. 桂花酒

桂花酒包括浸泡酒和发酵酒。浸泡酒制作的最佳工艺条件为固液（桂花：55 度白酒）比 1 ：250，浸泡时间 7 天，储存容器为玻璃罐，可使黄酮类物质最大量地溶入白酒，获得色、香、味俱佳的保健桂花酒。在桂花酒的香气成分中检测出 24 种挥发性成分，并确认了芳樟醇、α-紫罗兰酮、β-紫罗兰酮、癸酸乙酯、二氢-β-紫罗兰酮等 5 种香气成分来源于桂花。桂花发酵酒是以糯米和桂花等为主要原料，经蒸煮、加曲、糖化、发酵、压榨、澄清、过滤、煎酒、贮藏和勾兑而成的酿造酒。其酒性醇和，营养丰富，含有的糖、肽、氨基酸等低分子浸出物和微量元素易被人体消化吸收，是深受人们喜爱的滋补酒、饮料酒和调味酒，但该酒在贮藏期间较易发生混浊、沉淀。结合传统工艺，利用木瓜蛋白酶和果胶酶复合酶法对酒体进行澄清处理，可以提高桂花酒的稳定性及贮藏品质。

2. 桂花茶

桂花茶是我国传统名花茶之一，多以桂花绿茶、桂花红茶、桂花乌龙茶等产品形式出现，深受国内外消费者的喜爱。

桂花花期短，可通过应用真空低温干燥技术处理鲜桂花，获得色、香、味俱全的桂花干，并将其置于特定的冷藏条件下贮藏，再利用此桂花干加工成多类型桂花茶。在桂花茶加工产业中，可探索出配套的加工工艺，形成即时可加工桂花茶的技术方案，从而满足市场需求，推动桂花茶产品的标准化、规模化生产。

3. 桂花香水

目前，市面上的一些品牌桂花香水均为国外进口。桂花香水香精中的甜是以紫罗兰酮、甲基紫罗兰酮、异甲基紫罗兰酮、二氢乙位紫罗兰酮、鸢尾酮等香气物质为主导的柔甜（鸢尾甜），并辅以香叶醇、玫瑰醇等醇甜和康酿克油的酿甜，以及丙位十一内酯、丙位癸内酯等的桃杏果甜。制备桂花香水时，建议桂花香精的添加量在10%～15%之间。表 6.12 列出了桂花香精中各香料的参考配方。

表6.12　桂花香精中各香料添加参考配方

序号	香料名称	质量 / g	香料
1	甲基紫罗兰酮	200.0	主要香料
2	异甲基紫罗兰酮	75.0	
3	紫罗兰酮	20.0	
4	二氢乙位紫罗兰酮	15.0	
5	鸢尾凝脂	10.0	
6	芳樟醇	80.0	
7	香叶醇	10.0	
8	橙花醇	5.0	
9	辛炔羧酸甲酯	2.0	
10	康酿克油	2.0	
11	丙位十一内酯	10.0	
12	丙位癸内酯	10.0	
13	丁位癸内酯	2.0	
14	橙花醇	5.0	
15	乙酸叶醇酯	1.5	
16	叶醇	15.0	
17	松油醇	2.0	
18	白兰叶油	30.0	合和剂
19	氧化芳樟醇	0.5	
20	苯乙醇	5.0	
21	邻氨基苯甲酸甲酯	0.5	
22	乙位突厥酮	2.0	
23	玫瑰醇	10.0	合和剂
24	乙酸苄酯	10.0	
25	乙酸香叶酯	8.0	

表6.12（续）

序号	香料名称	质量 / g	香料
26	赖百当浸膏	12.5	修饰剂
27	全合欢醇	1.0	
28	乙酸苯乙酯	10.0	
29	异丁香酚	8.0	
30	甲位己基桂醛	8.0	
31	薰衣草油	10.0	
32	柳酸异戊酯	8.0	
33	树兰浸膏	10.0	
34	乙酰基异丁香酚	10.0	
35	甲基柏木酮	15.0	
36	甲基柏木醚	15.0	
37	高顺式二氢茉莉酮酸甲酯	18.5	
38	二氢茉莉酮酸甲酯	85.0	
39	十五内酯	32.5	定香剂
40	黄葵内酯	1.0	
41	佳乐麝香	50.0	
42	吐纳麝香	20.0	
43	环十六烯酮	47.0	天然感香料
44	檀香油	10.0	
45	香叶油	10.0	
46	桂花浸膏	10.0	
47	桂花净油	5.0	
48	小花茉莉浸膏	20.0	
49	玫瑰精油	5.0	
总计		1000.0	

目前，我国桂花产品的开发能力较低，各地的资源优势尚未得到充分利用。以干、鲜桂花为原料，进行深加工的企业规模较小，科技含量较低。加工产品以桂花酒（系列）、糖桂花、桂花蜜、桂花茶和少量的桂花浸膏为主，高附加值桂花产品开发较少。因此，亟须探索稳定的加工工艺并提高产品质量，促进桂花产业的可持续发展。

第七节　菊　花

6.7　视频：
菊花

菊花（*Chrysanthemum* × *morifolium* Ramat），为菊科菊属植物，是中国十大传统名花和世界四大切花之一，其花色丰富，品种繁多，具有观赏、食用以及药用等多种价值。世界共有菊属植物 40 多种，在我国分布的有 20 余种，我国选育的菊花品种有 4000 多个，全球品种总数超过 2 万个。

中国自古就有“食菊”的传统，《神农本草经》中就有记载，菊花“久服利血气，轻身，耐老延年”。《中华人民共和国药典》根据菊花的产地和加工方法的不同，收载了亳菊、滁菊、贡菊和杭菊 4 个药用菊花主流品种，这些品种也是在诸多产地所产的药用菊花中被公认的地道药材。食用菊主产于广东，品种有‘蜡黄’‘细黄’‘细迟白’‘广州大红’等，为酒宴的名贵配料，畅销中国香港和澳门等地。

一、菊花的营养成分

菊花花瓣含有可溶性糖、可溶性蛋白、维生素 C、有机酸、粗纤维、氨基酸及矿质元素等营养成分。

对 20 个菊花品种花瓣的营养成分进行测定，各含量为水分 83.72% ～ 91.02%，可溶性糖 47.7 ～ 84.4g/kg，可溶性蛋白 4.3 ～ 14.4g/kg，维生素 C 0.179 ～ 0.679g/kg，粗纤维 7.5 ～ 34.1g/kg，有机酸 0.7 ～ 4.4g/kg。各矿质元素含量分别为锌 18 ～ 74mg/kg，铁 118 ～ 1144mg/kg，镁 1.3 ～ 2.0g/kg，钙 2.5 ～ 6.8g/kg，钠 58 ～ 322mg/kg，钾 20.1 ～ 42.7g/kg。20 个菊花品种的花瓣中含有 7 种人体必需氨基酸，8 种药用氨基酸和 4 种增香型氨基酸。

二、菊花的功能性成分

1. 黄酮类化合物

菊花中含有的黄酮类化合物主要包括黄酮及其苷、黄酮醇及其苷，是药用菊花的主要活性成分，与菊花的药理药效密切相关，其含量高低也是评价中药菊花药性的主要标志。

2. 挥发油类

挥发油又称精油，是一类存在于植物中，在常温下能挥发，能随水蒸气蒸馏，与水不相溶的具有芳香气味的油状液体的总称，主要以萜类成分为主。菊花的挥发油主要含有脂肪族类化合物、单萜、倍半萜及其含氧衍生物。单萜和倍半萜的含氧衍生物多具较强的生物活性和香气，是医药、化妆品和食品工业的重要原料（王德胜等，2018）。

3. 有机酸类

菊花中含有绿原酸、咖啡酸、1，3-*O*-二咖啡酰奎宁酸、芦丁、3，5-*O*-二咖啡酰奎宁酸、4，5-*O*-二咖啡酰基奎宁酸（表 6.13）等有机酸类物质。卫生部药品标准收录的 170 多种具有清热解毒、消炎抗菌的中成药中，绿原酸为主要成分。《中华人民共和国药典》规定菊花中绿原酸含量≥ 2%，而亳菊、怀菊、贡菊、祁菊、滁菊、杭菊中绿原酸含量高于药典规定的 2 倍；其他类型菊花中绿原酸含量相对较低，但均达到了药典标准。

表6.13　菊花中部分有机酸含量

mg/g

成分	亳菊	滁菊	贡菊	杭菊
绿原酸	5.49～6.21	3.17～5.96	4.27～7.87	3.77～7.27
咖啡酸	0.11～0.13	0.12～0.15	0.09～0.14	0.12～0.24
1，3-*O*-二咖啡酰奎宁酸	0.43～0.49	0.31～0.35	0.25～0.41	0.21～1.05
芦丁	0.41～0.51	0.17～1.66	0.17～0.91	1.34～2.93
3，5-*O*-二咖啡酰奎宁酸	7.12～7.66	11.73～14.01	5.49～9.93	6.04～8.40
4，5-*O*-二咖啡酰基奎宁酸	8.45～9.67	8.45～9.67	6.94～11.44	9.61～15.17

4. 其他成分

除上述主要成分外，菊花中还含有少量蒽醌类、多糖等成分。张建等（2006）从菊花中分离得到大黄素、大黄酚和大黄素甲醚等蒽醌类化合物；陈云等（2014）通过最佳工艺得到菊花中的多糖含量达到 13.66%。

三、菊花的生物活性

菊花是临床用药和制作茶饮料的重要原料，在保护心血管系统方面也有显著的功效。此外，菊花还具有抗氧化、抑菌、抗肿瘤、抗炎、抗病毒、抗衰老、抗黑色素沉着等作用。

1. 保护心血管系统作用

菊花具有舒张血管、改善心肌缺血、抗心律失常、降血压、降血脂等作用。在舒张血管方面，菊花总黄酮可以显著消减连苯三酚导致的血管舒张抑制现象，保护具有舒张血管作用的内皮源性超极化因子（endothelium-derived hyperpolarizing factor，EDHF）调节的血管扩张反应；在改善心肌缺血方面，滁菊总黄酮提取物能明显抑制急性心肌缺血，提升 SOD 等保护酶活性，对急性心肌缺血起保护作用；在心律失常方面，杭白菊乙酸乙酯提取物能显著降低大鼠室性心动过速发生次数，缩短其持续时间，延迟室性期前收缩、室性心动过速出现时间。在降血压、降血脂方面，菊花的乙醇提取物对血管紧张素转化酶具有强抑制作用，对高脂饲料喂养的大鼠给予菊花提取物后，大鼠血清总胆固醇水平可恢复到基础值并能抑制三酰甘油升高。此外，菊花提取物可抑制小鼠脂肪肝的形成。

2. 抗肿瘤

菊花对皮肤癌、鼻咽癌和结肠癌有一定的抑制作用，其抗肿瘤作用与所含的三萜、挥发油、黄酮和多糖类等成分密切相关。款冬二醇、向日葵三醇和蒲公英甾醇 3 个蒲公英赛烷型的化合物，对由 12-*O*-十四烷酰佛波醇-13-乙酸酯诱导的皮肤癌具有显著的抑制作用；菊花中五环三萜烯二醇和烯三醇能抑制 EB 病毒（一种疱疹病毒）早期抗原（EBV-EA）的活性，对人肺癌细胞的增殖有抑制作用；菊花挥发油中倍半萜烯内酯类活性成分，具有诱导人鼻咽癌细胞凋亡的作用；菊花中所含的木犀草素和香叶木素，对人结肠癌细胞具有明显的细胞毒性（谢占芳等，2015）。

3. 抑菌

菊花挥发油中樟脑、*α*-蒎烯、*β*-蒎烯等成分具有抑菌作用，可以抑制肺炎双球菌、白色葡萄球菌、乙型溶血性链球菌、金黄色葡萄球菌等病菌的活性，并且对金黄色葡萄球菌抑制效果最明显。通过甲醇提取的菊花三萜类物质，对结核杆菌（ATCC27294）抑制率可达 90%。除三萜及挥发油外，菊花根提取物也可抑制细菌的生长，通过改变细菌细胞的渗透压来达到广谱的杀菌活性（谢占芳等，2015）。

4. 抗氧化

菊花提取物具有显著的抗氧化作用，与其所含的黄酮类和有机酸类成分相关。菊花黄酮类化合物具有清除羟自由基（·OH）、超氧阴离子（$\cdot O_2^-$）的活性，且抗氧化活性与黄酮类化合物含量相关。3，5-*O*-二咖啡酰奎宁酸和 1，3-*O*-二咖啡酰奎宁酸对DPPH自由基和 $\cdot O_2^-$ 具有清除作用。

5. 抗炎

菊花中的三萜类、挥发油类及部分微量元素（铜、铬）具有抗炎作用。三萜醇、三萜烯二醇、三萜烯三醇及其脂肪酸酯和二羟、三羟三萜烯等化合物，对 12-*O*-十四酰-二萜醇-13-酯导致的炎症具有很强的治疗作用。杭白菊挥发油能够显著抑制二甲苯所引起的小鼠耳肿胀和炎症。怀菊中挥发油的抗炎作用远强于亳菊。

6. 抗病毒

菊花中所含的黄酮类化合物具有抵抗人类免疫缺陷病毒（human immunodeficiency virus，HIV）的活性。研究发现，菊花黄酮类化合物中柯因（5，7–二羟黄酮）、芹菜苷元 7–*O*–*β*–*D*–（4' –咖啡酰）葡萄糖苷酸具有较强的抗 HIV 活性。

7. 其他活性

研究发现，菊花提取物有抗衰老作用，黄白菊能延长果蝇的平均寿命和半数死亡时间，且能明显延长果蝇的最高寿命；此外，还发现菊花黄酮提取物具有抗黑色素沉着的活性。

四、菊花的产品开发与应用

菊花不仅可供观赏，亦可入药，在烹饪中也大有用处。菊花既可直接食用，也可作为主料或配料进行加工烹调，还可通过加工生产制作成营养保健茶、各种食品及其他饮料。不仅如此，菊花还可用于提炼香精或香油等各类香料。

1. 菊花菜品

以菊花为原料，配合添加其他食材和原料，可以制作菊花粥、菊花糕、菊花肴（如菊花肉片、菊花鲈鱼羹、菊花甘草汤等）、菊花点心（如菊花面包、菊花馒头、菊花麻花、菊花包子等）、菊花休闲食品（如菊花冰淇淋、菊花酸奶、菊花奶茶、菊花曲奇饼干、菊花奶酪、菊花蜜饯等）。

2. 复合饮料

取菊花的浸提液，加入其他中药和果蔬的浸提液，制作成饮料，这样既便于饮用，也便于大规模生产。如在菊花中加入枸杞、胡萝卜等，可制成复合饮料，其营养丰富，酸甜适口，具有枸杞和菊花的香味，稳定性较好，对视力具有保护作用（苏爱国，2013）。

3. 菊花酒

菊花啤酒是在麦芽汁中加入菊花提取物和酒曲，经发酵酿制而成，具有菊花的营养、保健功能，同时也具有菊花的特殊香味，其口味纯正，酒味与花香相得益彰（苏爱国，2013）。

菊花米酒，又称“长寿酒”，在糯米中加入酒曲和菊花酿制而成，口味清凉甜美，具有养肝、明目、健脑、延缓衰老等功效。

4. 菊花类花茶

传统菊花茶制作简单，将鲜菊花采摘后，经数日蒸、晒或人工烘干即成。改良型菊花茶是在传统菊花茶的基础上，添加其他中药或果、蔬、花材料一同冲泡，可具有不同的保健效果。比如菊花槐花茶，可清热、散风、降血压等，以此增加菊花茶的品种与功效。创新型菊花茶，由于菊花与其他茶叶配制而成，如菊花和龙井，简称为“龙菊”，这样既可以保留茶叶原有的香味，同时还可让菊花的清新融入其中，呈现意想不到的效果（苏爱国，2013）。

5. 菊花类保健品

菊花挥发油具有一定清热、解压、抗炎及抗癌作用。通过不同方法提取的菊花挥发油可制作成抗癌保健品，或添加到其他食品中，均可起到一定的保健作用（苏爱国，2013）。菊花黄酮类化合物具有抗氧化性，通过大孔吸附树脂法提取菊花黄酮类化合物，可制成颗粒剂、胶囊剂和片剂等活性保健品。

当前，我国市场上的菊花食品较少，大多以干制菊花为基础原料制成。由于菊花的加工技术含量较低，所以产品品种相对单一，加之菊花的香味、色泽等不够突显，花瓣成型比较单一，导致菊花目前的综合利用率不高。

菊花中药用价值较高的主要是白菊及黄菊，其他品种的中药材资源尚未得到科学有效的开发。近年来，菊花的利用价值在菊花硒、菊花黄酮类化合物、菊花挥发油等方面取得了一些进展。根据当前市场的调研，将菊花中的黄酮类化合物进行有效的提取，并和挥发油共同用于一些新型保健食品的开发，有巨大的潜在市场和发展空间；将菊花与菜品相搭配实现菜肴的创新，也将有广阔的空间。

章测试题六

（一）单项选择题

1. 以下花卉中，不属于中国十大名花的是？（ ）

A. 芍药　　B. 桂花　　C. 水仙花　　D. 山茶花

2. 桂花中最主要的黄酮类化合物是（ ）。

A. 乙氧基槲皮素　　B. 异鼠李素-3-*O*-芸香糖苷

C. 芒柄花素-7-*O*-葡萄糖苷　　D. 丁香亭-3-*O*-芸香糖苷

3. 茉莉花中水溶性蛋白质约占（ ）。

A. 1%　　B. 2%　　C. 5%　　D. 10%

4. 以下食用油中，不饱和脂肪酸含量最高的是（ ）。

A. 花生油　　B. 芝麻油　　C. 大豆油　　D. 牡丹籽油

5. 以下花卉中，素有“花相”和“花仙”之称的花是（　　）。

A. 牡丹　　B. 芍药　　C. 月季　　D. 玫瑰

6. 芍药中齐墩果酸和熊果酸含量最高的器官是（　　）。

A. 根　　B. 茎　　C. 叶　　D. 花

7. 亳菊、怀菊、贡菊、祁菊、滁菊、杭菊的（　　）含量高于药典规定的2倍。

A. 熊果酸　　B. 齐墩果酸　　C. 咖啡酸　　D. 绿原酸

（二）多项选择题

1. 芍药中的萜类化合物主要是（　　）和（　　）。

A. 单萜类　　B. 倍半萜类　　C. 三萜类　　D. 二萜类

2. 荷花花瓣含有多种挥发性成分，主要包括（　　）物质

A. 烷烃类　　B. 烯烃类　　C. 醇类　　D. 醌类物质

3. 玫瑰具有（　　）的生物活性。

A. 抗氧化　　B. 降血糖　　C. 抗菌　　D. 抗病毒

4. 丹桂品种花瓣的主要色素物质是（　　）和（　　）。

A. α-类胡萝卜素　　B. β-类胡萝卜素

C. 叶黄素　　D. 花色苷

5. 桂花品种群的特征香气物质是（　　）。

A. β-紫罗兰酮　　B. α-紫罗兰酮

C. 芳樟醇　　D. 反-氧化芳樟醇

（三）判断题（正确的打“√”，错误的打“×”）

1. 菊花的挥发油主要含有脂肪族类化合物、单萜、倍半萜及其含氧衍生物。（　　）

2. 根据开花习性和花色，桂花可分为四季桂、金桂、银桂、丹桂、彩叶桂5个品种群。（　　）

3. 菊花是中国十大名花之一，同时也是世界四大切花之一。（　　）

4. 深色牡丹品种的抗氧化能力高于浅色品种。（　　）

5. 牡丹为多年生草本植物。（　　）

6. 玫瑰细胞液是玫瑰鲜花中的挥发性物质在低温条件下冷凝而成的液体。（　　）

7. 荷花花色素的主要成分为黄酮类化合物和类胡萝卜素。（　　）

8. 花色素和花青素是同一类物质。（　　）

（四）思考题

1. 谈谈月季和芍药，玫瑰和月季的区别。

2. 花卉中的生物活性成分主要有哪些？请举例说明。

3. 花卉的生物活性有哪些？请举例说明。

※参考文献

包建忠, 刘春贵, 孙叶, 等, 2011. 观赏荷花引种、新品种选育与开发应用. 江西农业学报, 23(10): 83-84.

陈云, 李文治, 罗其昌, 等, 2014. 菊花多糖不同提取工艺研究. 粮食与油脂, 27(7): 28-32.

花艳敏, 2015. 芍药花瓣营养品质分析研究. 江苏, 扬州: 扬州大学.

华梅, 原晓龙, 杨卫, 等, 2017. HPLC分析6种不同花色滇牡丹花瓣中花青素和黄酮.西部林业科学, 46(6): 40-45.

蒋慧颖, 马玉仙, 黄建锋, 等, 2016. 茉莉花茶保健功效及相关保健产品研究现状. 山西农业大学学报 (自然科学版) , 36(8): 604-608.

刘家富, 汪禄祥, 黎其万, 等, 2006. 云南食用玫瑰的营养成分研究. 西南农业学报, 19(增刊1): 129-132.

刘萍, 张少帅, 丁义峰, 等, 2012. 牡丹常见品种花瓣中主要营养成分与食用安全性分析. 北方园艺(1): 94-96.

陆宁, 宛晓春, 2004. 固相微萃取–气相色谱/质谱联用技术分析茉莉精油化学成分. 中国食品添加剂(1): 111-114.

宁传龙, 2015. 芍药籽油重要功能营养成分分析. 江苏, 扬州: 扬州大学.

苏爱国, 2013. 菊花食用价值研究. 江苏调味副食品, 132(1): 4-5.
王德胜, 黄艳梅, 石岩, 等, 2018. 菊花化学成分及药理作用研究进展. 安徽农业科学, 46(23): 9-11.
王多宁, 2010. 玫瑰花的综合利用及开发前景. 黑龙江农业科学(1): 123-126.
谢占芳, 张倩倩, 朱凌佳, 等, 2015. 菊花化学成分及药理活性研究进展. 河南大学学报 (医学版) , 34(4): 290-300.
姚雪倩, 何开杰, 叶乃兴, 2015. 牡丹花的营养保健功效与牡丹花茶的研制. 福建茶叶, 37(2): 27-29.
尹伟, 刘金旗, 张国升, 2015. 桂花的化学成分及药理学作用研究进展. 赤峰学院学报 (自然科学版) , 31(20): 77-78.
俞轩, 刘宴秀, 陶劲强, 等, 2018. 茉莉花活性成分分析及提取技术研究进展. 化工技术与开发, 47(7): 29-31.
张健, 钱大玮, 李友宾, 等, 2006. 菊花的化学成分研究. 天然产物研究与开发, 18(1): 71-73.
郑淑彦, 王伟, 董金金, 等, 2016. 食用玫瑰营养保健功能及产品开发研究进展. 食品研究与开发, 37(23): 206-211.

附　录

参考答案

章测试题一

（一）单项选择题

1. A　2. B　3. C　4. A　5. B　6. A　7. C　8. A　9. D　10. B
11. C

（二）判断题

1. ×　2.√　3.√　4. ×　5.√　6. ×

（三）思考题

合理即可。

章测试题二

（一）单项选择题

1. C　2. B　3. C　4. D　5. B　6. B　7. B　8. D　9. A

（二）多项选择题

1. ABC　2. ABCD　3. AB　4. BC　5. ABCD

（三）判断题

1. ×　2.√　3.√　4.√　5.√　6.√

（四）思考题

合理即可。

章测试题三

（一）单项选择题

1. C　2. B　3. A　4. A　5. D　6. A　7. A　8. B　9. D

（二）多项选择题

1. ABCD　2. ABCD　3. BCD　4. ABCD

（三）判断题

1. ×　2.√　3. ×　4.√　5.√　6. ×　7.√

（四）思考题

合理即可。

章测试题四

（一）单项选择题

1. C　2. B　3. C　4. C　5. B　6. B　7. A　8. B　9. B　10. A

（二）多项选择题

1. AD　2. AC　3. ABD

（三）判断题

1. ×　2.√　3.√　4. ×　5. ×　6. ×　7. ×

（四）思考题

合理即可。

章测试题五

（一）单项选择题

1. D　2. B　3. B　4. B　5. A　6. C

（二）多项选择题

1. ABC　2. AB　3. BCD　4. ACD　5. ABCD　6. AB

（三）判断题

1. ×　2.√　3.√　4.√　5. ×　6.√　7.√　8.√

（四）思考题

合理即可。

章测试题六

（一）单项选择题

1. A　2. B　3. B　4. D　5. B　6. C　7. D

（二）多项选择题

1. AC　2. ABC　3. ABCD　4. AB　5. ABCD

（三）判断题

1.√　2.√　3.√　4.√　5. ×　6.√　7. ×　8. ×

（四）思考题

合理即可。